Labinot Jashari

# Auswahl und Charakterisierung einer spezifischen technologischen Schnittstelle und Wechselwirkung innerhalb einer CFK-Prozesskette

**Jashari, Labinot: Auswahl und Charakterisierung einer spezifischen technologischen Schnittstelle und Wechselwirkung innerhalb einer CFK-Prozesskette. Hamburg, disserta Verlag, 2015**

Buch-ISBN: 978-3-95935-008-2
PDF-eBook-ISBN: 978-3-95935-009-9
Druck/Herstellung: disserta Verlag, Hamburg, 2015
Covermotiv: © Uladzimir Bakunovich – Fotolia.com

**Bibliografische Information der Deutschen Nationalbibliothek:**
Die Deutsche Nationalbibliothek verzeichnet diese Publikation in der Deutschen Nationalbibliografie; detaillierte bibliografische Daten sind im Internet über http://dnb.d-nb.de abrufbar.

© disserta Verlag, Imprint der Diplomica Verlag GmbH
Hermannstal 119k, 22119 Hamburg
http://www.disserta-verlag.de, Hamburg 2015
Printed in Germany

# Inhaltsverzeichnis

# Abbildungsverzeichnis

# Tabellenverzeichnis

# Abkürzungsverzeichnis

| Abkürzung | Beschreibung |
|---|---|
| AFP | Automated Fiber Placement |
| CFK | Carbon- bzw. kohlenstofffaserverstärkter Kunststoff |
| FVG | Faservolumengehalt |
| HP CFK | Hochleistungsproduktion von CKF-Strukturen |
| LCM | Liquid Composite Moulding |
| PAN | Polyacrylnitril |
| PTFE | Polytetrafluorethylen |
| RFI | Resin Film Infusion |
| RTM | Resin Transfer Moulding |
| VAP | Vacuum Assisted Process |
| VARI | Vacuum Assisted Resin Infusion |
| VARTM | Vacuum Assisted Resin Transfer Moulding |

# 1 Einleitung

Moderne Flugzeuge lassen auch hinsichtlich der beabsichtigten Leichtbauweisen einen vermehrten Einsatz an kohlenstofffaserverstärkten Kunststoffen (CFK) als Werkstoff mit zukünftigen Gewichtsanteilen von über 60% erkennen. Die damit einhergehende Wirtschaftlichkeit des leichten Werkstoffes durch eine Senkung des Treibstoffverbrauchs wirkt den steigenden Treibstoffkosten entgegen und der damit verbundene Aspekt des geringeren $CO_2$-Austsosses wirkt sich auch positiv auf den Umweltschutz aus. Zu den gewichtsspezifischen Eigenschaften zählen zudem die hohen Festigkeiten und Steifigkeiten von CFK. Auch das Forschungsprojekt HP CFK zielt darauf ab, einen Rumpfauschnitt eines Flugzeuges komplett aus CFK herzustellen. Die dafür angedachte Prozesskette zur Herstellung dieses Rumpfauschnittes muss zur optimalen Auslegung auf vorhandene prozessübergreifende Wechselwirkungen untersucht werden. Dadurch können die einzelnen Fertigungsprozesse aufeinander abgestimmt werden.

In dieser Arbeit werden die vorhandenen Wechselwirkungen innerhalb der Prozesskette durch Beschreibung der Prozesskette identifiziert. Im nächsten Schritt erfolgt während eines Workshops die Bewertung der erarbeiteten Wechselwirkungen, so dass die Auswahl der Wechselwirkung mit dem größten Einfluss auf die Bauteilqualität vorgenommen wird. Die anschließende Charakterisierung dieser Wechselwirkung beinhaltet die Untersuchung der in Wechselwirkung zueinander stehenden Fertigungsprozesse. Dabei werden Einflussgrößen beider Fertigungsprozesse auf ein gemeinsames Qualitätskriterium erarbeitet und modelliert. Diese gewonnen Ergebnisse werden bei der experimentellen Untersuchung der Wechselwirkung dazu genutzt, das Modell zu parametrieren und mittels der durchgeführten Versuche die Stärke des Einflusses auf das Qualitätskriterium zu ermitteln. Dazu werden aus den Prozessparametern Paarungen gebildet und diese untereinander variiert. Nach der Auswertung der durchgeführten Versuche liefert ein abschließender Vergleich der experimentell erzielten Ergebnisse mit den theoretischen Vorüberlegungen einen Überblick hinsichtlich einer Übereinstimmung des Einflusses der Einflussgrößen auf das Qualitätskriterium.

## 2 Stand der Technik

Dieses Kapitel gibt einen Einblick in die Grundlagen der Verbundwerkstoffe, insbesondere der kohlenfaserverstärkten Kunststoffe(CFK) und in die verschiedenen Fertigungsverfahren zur Herstellung von Verbundbauteilen. Dabei werden zum besseren Verständnis auch die Unterschiede zwischen Duroplasten und Thermoplasten hervorgehoben. Im weiteren Verlauf der Arbeit wird auf die Thermoplaste keine Berücksichtigung genommen, da ausschließlich der Einsatz von duromeren Harzsystemen erfolgt. Die angeführten Prüfmethoden geben zudem einen Einblick der Möglichkeiten zur Bewertung der Bauteilqualität. Zum Ende des Kapitels wird dann noch ein Augenmerk auf die Begriffe der technologischen Schnittstellen und die der Wechselwirkungen geworfen.

### 2.1 Faserverbundkunststoffe

Hier wird über die Beschreibung allgemeiner Faserverbundkunststoffe anschließend näher auf die kohlenstofffaserverstärkten Kunststoffe eingegangen.

### 2.1.1 Allgemeine Faserverbundwerkstoffe

Bei einem Verbundwerkstoff handelt es sich um einen Mehrphasenwerkstoff, der sich aus einer kontinuierlichen Phase, der Matrix und einer oder mehreren diskontinuierlichen Phasen in Form von Verstärkungskomponenten zusammensetzt [HOR01]. Dabei werden die Verstärkungskomponenten in dem formgebenden Grundwerkstoff eingebettet und durch Wechselwirkungen der beteiligten Komponenten werden Eigenschaften erzielt, die keine der Ausgangsstoffe besitzen oder die höher sind als die Eigenschaften der Ausgangsstoffe [FIE09]. Faserverstärkte Kunststoffe sind dabei eine Untergruppe der Verbundwerkstoffe [AVK10]. Bei Faserverbundkunststoffen kommen temperaturbeständige, hochfeste und hochsteife Fasern als Verstärkungskomponenten zum Einsatz, die in einer mechanisch und thermisch hochbelastbaren polymeren Matrix zumeist in Hauptbelastungsrichtung angeordnet werden [BÄT92]. Die eingebrachten Fasern können dabei entweder einzeln in Kurz- oder Endlosfasern oder durch Verarbeitung der Fasern zu Halbzeugen als Gewebe und Gestricke in der Matrix vorliegen. Zu den kennzeichnenden Eigenschaften von Faserverbundwerkstoffen zählen unter anderem [R&G99]:

- hohe Steifigkeit
- hohe Festigkeit
- hohe Schwingfestigkeit
- geringe Wärmeausdehnung
- gute Formstabilität
- günstiges Schlagverhalten
- Korrosionsbeständigkeit
- richtungsabhängige Eigenschaften
- stufenweises Versagen

Die Matrix und die Verstärkungsfasern erfüllen dabei unterschiedliche Aufgaben mittels derer die geforderten Eigenschaften des Faserverbundkunststoffes erzielt werden. Zu den Hauptaufgaben der Matrix zählen die Fixierung der Fasern in der gewünschten geometrischen Anordnung, die Übertragung der Kräfte auf die Fasern und auch zwischen den Fasern, das Stützen der Fasern bei Druckbeanspruchung und der Schutz der Fasern vor Einwirkung von Umgebungsmedien [BÄT92]. Die Fasern dagegen übernehmen den wesentlichen Teil der Lastübertragung und bestimmen damit die maßgebenden mechanischen Eigenschaften des Faserverbundwerkstoffes wie die Zug- und Biegefestigkeit, Energieaufnahmefähigkeit, Duktilität und Schlagzähigkeit. Das äußere Erscheinungsbild des Faserverbundwerkstoffes wie Farbe oder Oberflächenstruktur wird zudem auch durch die Matrix bestimmt. Für ein optimales Zusammenwirken der Fasern und der Matrix innerhalb des Verbundwerkstoffes müssen die Fasern eine höhere Bruchfestigkeit und ein höheres E-Modul als die Matrix haben und die Matrix dagegen sollte eine höhere Bruchdehnung als die Fasern vorweisen [DEH05]. Der Werkstoffzustand wird dabei erst im Bauteil erreicht, da die Verstärkungsfasern in eine flüssige Reaktionsmasse eingebettet werden, welche mit der Zeit aushärtet und somit für eine Verankerung der Fasern in dem so entstandenen festen Formstoff sorgt [R&G99]. Eigenfestigkeit des Fasermaterials, Fasergehalt, Form der Fasern, Faserorientierung, Haftung zwischen Faser und Matrix sowie die Herstellungsverfahren des Werkstoffverbundes entscheiden über die Art und das Ausmaß der Verstärkung infolge der Verstärkungsfasern [DEH05].

Bei der Form der Fasern wird zwischen Kurz- und Endlosfasern unterschieden, die jeweils ihre Vor- und Nachteile haben. Kurzfasern sind stochastisch verteilt und ermöglichen die Einstellung isotroper und somit richtungsunabhängiger Eigenschaften

des Verbundes und weisen eine geringere Bruchwahrscheinlichkeit gegenüber End-
losfasern auf. Der Nachteil zeigt sich in den nicht so hohen Festigkeiten und Elastizi-
tätsmodulen wie bei Endlosfasern und kann bei hohen Fasergehalten zudem das
Einbringen der Fasern in die Matrix erschweren. Die eingebrachten Kurz- oder Lang-
fasern können entweder aus Einzelfasern in Form von Filamenten oder aus einem
Bündel zusammengefasster Einzelfasern, sogenannten Rovings bestehen [HOR01,
DEH05]. Endlosfasern dagegen machen den Einfluss von festigkeitsmindernden
Scherspannungskonzentrationen an den Faserenden, die bei der Übertragung der
einwirkenden Kräfte an der Faser-Matrix-Grenzfläche auftreten bedeutungslos und
kommen somit für Bauteile die späteren Dauerlasten oder schwingender Belastung
ausgesetzt sind zum Einsatz [AVK10, HOR01]. Werden die Endlosfasern bei gege-
benem Faser- und Matrixmaterial und bei einem festgelegten Fasergehalt alle parallel angeordnet, so ergeben sich optimale mechanische Eigenschaften, was aber
gleichzeitig zu starken richtungsabhängigen Verbundeigenschaften führt. Soll der
Faserverbundwerkstoff nicht nur Belastungen in einer sondern auch in zwei oder drei
Richtungen standhalten können, so kann der Anisotropie durch die Anordnung der
unidirektionalen Faserverbundwerkstoffschichten in verschiedenen Winkeln übereinander entgegengewirkt werden. Das sind dann quasiisotrope Werkstoffverbunde.
Diese Anordnung hat den Nachteil, dass die Festigkeitswerte aufgrund der 45°- und
90°-Lagen nur etwa zu einem Drittel der Festigkeitswerte des unidirektionalen Verbundes entsprechen [HOR01]. Faserverbundwerkstoffe sind mit ihren Materialeigenschaften und ihrer Leistungsfähigkeit vielfältig einsetzbar, wobei deren Einsatzgebiet
und auch Anwendungszweck auch vom gewählten Fasermaterial abhängt. Als Fasern kommen dabei überwiegend Glas-, Kohlenstoff- und Aramidfasern zum Einsatz
[FIE09]. Während Kohlenstoffasern höhere Zugfestigkeiten oder Biegefestigkeiten
als Glas- oder Aramidfasern besitzen, haben diese eine höhere Schlagzähigkeit als
Kohlenstofffasern. Aramidfasern überzeugen zudem mit ihrer geringen Dichte und
Glasfasern sind kostengünstig [CTM13].

## 2.1.2 Kohlenstofffaserverstärkte Kunststoffe

Die sehr guten in großen Bereichen variierbaren mechanischen Eigenschaften kom-
biniert mit der geringen Dichte ermöglichen den Kohlenstofffasern eine herausste-
chende Stellung als Verstärkungsfaser [Fied´09]. Einige kennzeichnende Eigenschaften der Kohlenstofffaser sind [DEH05]:

- verhalten sich in Faserrichtung linear-elastisch
- Zugfestigkeit zwischen 2000 und 6000 N/mm²
- E-Modul zwischen 150 und 500 kN/mm²
- Festigkeitssteigerung mit zunehmender Temperatur und einem Maximum zwischen 1200-1600 °C
- thermisch stabil mit einem negativen Wärmeausdehnungskoeffizienten in Faserrichtung, der bei $0,5 * 10^{-6} K^{-1}$ liegt
- geringer elektrischer Widerstand
- chemisch weitgehend inert
- unschmelzbar
- durchlässig für Röntgenstrahlen
- biokompatibel

Die Einzelfasern weisen einen runden Querschnitt und eine glatte, strukturlose Oberfläche mit einem Faserdurchmesser, der meist zwischen 5-10 µm liegt auf. Die Ausgangsmaterialien von C-Fasern sind Polyacrylnitril(PAN), Pech oder Zellulose. Der Großteil der heute gebräuchlichen Hochleistungsfasern wird jedoch aus PAN gefertigt. Bei der Herstellung wird durch eine Reaktion des Ausgangsmaterials in einem oxidierenden Medium im ersten Schritt Wasserstoff abgespalten und es erfolgt eine Vororientierung des Moleküls in einer Pyridin-Ringanordnung, was die Faser unschmelzbar und unbrennbar macht. Im zweiten Schritt wird bei einer Karbonisierung Cyanwasserstoff und Stickstoff abgespalten und es findet eine Zusammenlagerung der Pyridinketten zu molekularen Bändern statt, wodurch ein Kohlenstoffanteil von 96 bis 98 Gew.-% erreicht wird. Zudem wird durch unterschiedliche Temperaturen bei der Karbonisierung eine unterschiedlich starke Graphitstruktur ausgebildet, die mit einigen Gitterfehlstellen die Oberfläche der C-Faser prägt. Diese Gitterfehlstellen in den C-Atomen stellen Zonen erhöhter Energie und Reaktivität dar. Mit der Höhe der Temperatur bei der Karbonisierung steigt die Perfektion der Graphitisierung, wodurch diese Fehlstellen ausgeheilt werden. Das hat eine Verringerung der Angriffsmöglichkeiten durch die Matrix zur Folge und führt zudem dazu, dass die Faser/Matrix-Haftung sinkt [FIE09, AVK10]. Infolge der unterschiedlichen Temperaturen bei der Karbonisierung findet eine Unterscheidung der C-Fasern in

- HT(high tenacit)-Fasern=hochfeste Fasern (1200-1500 °C)
- IM(intermediate modul)-Fasern=Zwischenmodulfasern (1500-1800 °C)
- HM(high modul)- bzw. UHM(ultra high modul)-Fasern (bis zu 3000 °C)

statt [DEH05].

Somit lassen sich nicht nur die elastischen, sondern auch die elektrischen und thermischen Eigenschaften wie Wärmeleitfähigkeit und Ausdehnungskoeffizient der Kohlenstofffasern in einem großen Bereich variieren. Dadurch ist die Herstellung von kohlenstofffaser- bzw. carbonfaserverstärkten Kunststoffen (CFK) möglich, die keine thermische Ausdehnung besitzen und sich formstabil gegenüber Temperaturschwankungen verhalten. Der sehr geringe thermische Ausdehnungskoeffizient wiederum verringert die thermische Ausdehnung der Matrix. Diese Eigenschaften haben daher ihren Nutzen für Anwendungen in der Raumfahrt oder aber auch im allgemeinen Maschinenbau für spezielle Anwendungen [HOR01, FIE09].

Damit aber ein optimales Zusammenspiel von Matrix und Faser und somit ein hohes Niveau der mechanischen Eigenschaften erzielt wird, muss eine hohe Güte der Grenzflächenhaftung zwischen Matrix und Faser vorhanden sein. Diese Grenzschicht bestimmt die Beanspruchungsübertragung zwischen den beteiligten Komponenten und damit auch die Effizienz der Verstärkungsfasern. Die Einhaltung dieser Güte kann durch eine große Anzahl an Oberflächenmodifikationen erreicht werden [DEH05, AVK10]. Dazu zählen einerseits nichtoxidative Verfahren, wodurch entweder die Oberfläche vergrößert, eine gezielte Veränderung der Schicht zwischen Faser und Matrix bewirkt oder durch Beschichten der Faser mit Pyrokohlenstoff die mechanische Verzahnung erhöht wird. Bei oxidativen Verfahren dagegen wird durch eine chemische Behandlung durch Bildung reaktiver Gruppen an der Faseroberfläche, die mit reaktiven Gruppen aus der Matrix reagieren die Benetzbarkeit der Oberfläche der Kohlenstofffaser erhöht. Bei den oxidativen Verfahren jedoch sollte sehr kontrolliert und mit Vorsicht vorgegangen werden, da es durch einen oxidativen Abbau zu Kerbstellen an der Faseroberfläche kommen kann, welche eine Verringerung der Faserfestigkeit nach sich ziehen [AVK10]. Die so entstandenen Haftungsmechanismen sind dann entweder kovalente Bindungen, chemische Bindungen oder mechanische Bindungen bei denen die Matrix in die Riefen und Poren der Faseroberfläche eingreift [HOR01].

### 2.1.3 Duromere

Bei der Herstellung von Faserverbundbauteilen aus einem polymeren Matrixmaterial wird zwischen den Einsatz von Duromeren bzw. Duroplasten und Thermoplasten unterschieden, die zusammen mit Elastomeren die drei unterschiedlichen Gruppen der Kunststoffe bilden. Duromere kennzeichnen sich dadurch, dass deren Moleküle in allen Richtungen fest miteinander verbunden sind und sie somit ein 3D-Netzwerk bilden(Abbildung 2-1). Sie zählen zu den härtbaren Kunststoffen, die plastisch nicht wieder verformt werden können. Aufgrund der starken Vernetzung ihrer Moleküle sind Duromere weder schweißbar noch schmelzbar und somit auch unlöslich [DEH05].

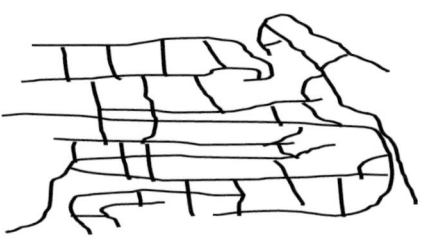

Abbildung 2-1: Anordnung von Duromeren [BAC08]

Die Herstellung der zum Einsatz kommenden Matrixharze aus Duromeren erfolgt entweder über Polymerisation oder Polykondensation bzw. Polyaddition. Die Duromere liegen bei der Verarbeitung als flüssige Reaktionsmasse vor, mittels derer die Verstärkungsfasern getränkt werden und durch das Härten dieser Reaktionsmasse werden die Verstärkungsfasern in dem so entstandenen Formstoff fest eingebunden. Dabei werden den Duromeren durch Polymerisation infolge einer radikalischen Aushärtung positive Eigenschaften wie kurze Härtezeiten bei der Verarbeitung mitgegeben. Dagegen ist eine verringerte Zähigkeit nachteilig anderen Duromeren gegenüber und auch im Vergleich zu Additionsharzen weisen Polymerisationsharze schlechtere Eigenschaften auf. Zur Reduzierung der Aushärtezeit bei der Verarbeitung müssen den Reaktionsharzen Härter zugemischt werden, welche für einen schnelleren Übergang der flüssigen Reaktionsmassen in dreidimensional vernetzte Produkte sorgen. Ohne die Härter kann es ansonsten auch zu keiner Vernetzungsreaktion kommen. Oftmals ist auch die Rede von Laminier- bzw. Imprägnierharzen anstatt von Reaktionsharzen [BÄT92]. Zu den so entstandenen Untergruppen der Duromere zählen zum einen die ungesättigten Polyesterharze, die durch die Polymerisation entstehen und aufgrund der günstigen Materialkosten auf der einen Seite und der niedrigen Dichte sowie ihres mechanischen, chemischen und thermischen Leistungsprofils auf der anderen Seite für vielseitige Anwendungen zum Einsatz kommen [AVK10]. Die aber mit Abstand wichtigste Untergruppe der Duromere für Hochleistungs-Faserverbundbauteile stellen jedoch die Epoxidharze dar, die durch Polyaddition gebildet werden. Aufgrund ihrer besseren mechanischen und thermischen Eigenschaften wie höhere Wärmebeständigkeit sowie der niedrigeren Viskosität und daher der besseren Verarbeitbarkeit können sie für hochwertige Anwendungen wie beispielsweise in der Luft- und Raumfahrt und dem Maschinenbau eingesetzt werden. Selbst nach mehreren zehntausend Lastwechseln weisen Epoxidharze den geringsten Festigkeitsabfall und damit die größte dynamische Festigkeit auf. Nachteilig sind der hohe Preis und die Neigung der Feuchtigkeitsaufnahme. Weitere Untergruppen stellen Polyurethan und die Phenolharze dar, wobei die Phenolharze ein ausgezeichnetes Brandverhalten aufweisen und in Verbindung mit ihren hohen Materialkosten zumeist Anwendung in der Luft- und Raumfahrt finden [BÄT92, FIE09, R&G99]. Die Verarbeitung von Duromeren ist mit relativ einfach Prozessen und Werkzeugen realisierbar [FIE09]. Da aufgrund der Vernetzungsstruktur der Duromere eine thermische Umformung nach der Aushärtung nicht mehr möglich ist, erfolgt die Formgebung schon vor der Aushärtung und wird im ausgehärteten Zustand beibehalten [HOR01]. Bei der Aushärtung werden die Molekülketten vernetzt indem eine Gelbildung stattfindet die zeitgleich von einer Glasbildung durch ein Einfrieren der Segmentbewegungen begleitet wird. Die Aushärtung dagegen ist temperatur- und zeitabhängig, so dass sie viel Zeit benötigt. Sie bedarf zusätzlich einer Erwärmung wie auch einer aufwendigen Prozessüberwachung. Bei der Fertigung von Faserverbundkunststoffen ist der Aushärtegrad eine entscheidende Größe. Durch eine anforderungsgerechte und kostensparende Anpassung der Fertigungszyklen infolge der Auslegung von benötigten Materialien und Werkzeugen kann durch den Aushärtegrad die Einhaltung der geforderten Qualitätsstandards gewährleistet werden. Mittels einer Wärmezufuhr wird eine Verarbeitung des Duromers erst möglich, wobei abhängig vom eingesetzten Duromer eine bestimmte Glasübergangstemperatur erzielt werden muss. Diese Glasübergangstemperatur $T_g$, beschreibt die Temperatur bei der eine Zustandsänderung vom glasartigen, eingefrorenen in den gummielastischen Bereich stattfindet und eine Entropiezunahme und somit eine Bewegung der Segmente hervorgerufen wird. Diese wird von einer Wärmefreisetzung begleitet. Liegen die Verarbeitungstemperaturen knapp unterhalb der Zersetzungstemperatur des Duromers, so muss für eine geeignete Wärmeabfuhr gesorgt werden, damit es infolge der Wärmeverteilung nicht zu einer Zersetzung des Duromers kommt

[Fied'09]. Über den Aushärtegrad lässt sich die Sprödigkeit und die Wärmeformbeständigkeit einstellen, welche bei höherem Aushärtegrad höhere Werte aufweisen. Jedoch findet mit zu hohem Aushärtegrad auch eine Abnahme der Bruchdehnung des Faserverbundbauteiles statt [HOR01].

### 2.1.4 Thermoplaste

Bei Thermoplasten dagegen handelt es sich um sehr lange und orientierungslos angeordnete Moleküle (Abbildung 2-2). Unter Wärme zeigen sie ein plastisches Verhalten und lassen sich daher wiederholt verformen. Aufgrund der kaum vorhandenen Vernetzung der Moleküle sind Thermoplaste schweißbar und durch dieses Einschmelzen wieder verwendbar, was ein Recycling dieser Werkstoffgruppe zulässt [DEH05]. Weitere positive Eigenschaften sind eine hohe Thermostabilität, eine hohe Duktilität, eine unbegrenzte Lagerfähigkeit sowie eine geringe Feuchteaufnahme. Die kurze Verarbeitungszeit macht zudem kürzere Zykluszeiten bei der Halbzeug- bzw. Bauteilherstellung möglich. Als nachteilig ist eine hohe Viskosität anzuführen, wodurch höhere Verarbeitungstemperaturen erforderlich sind um diese Viskosität in einen verarbeitungsfähigen Zustand überführen zu können. Diese Viskosität bei Thermoplasten ist aber dennoch viel höher als bei Duroplasten. Zudem sind Thermoplaste sehr teuer und weisen neben einer fehlenden Klebrigkeit auch ein unbekanntes Langzeitverhalten vor [BÄT92].

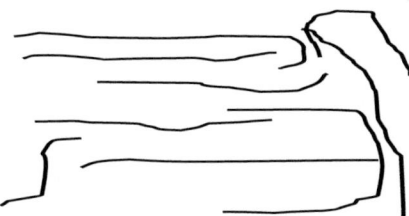

Abbildung 2-2: Anordnung von Thermoplasten [BAC08]

Im Vergleich zu Duromeren haben Thermoplaste eine bessere Ausnutzung der Faserfestigkeit unter Zugspannung aufgrund der höheren Dehnung, eine höhere Schlagzähigkeit und zeigen zudem eine Kriechneigung bei höheren Temperaturen. Desweiteren gestaltet sich die Imprägnierung der Fasern aufgrund der hohen Viskosität schwieriger [HOR01]. Die am meisten eingesetzte Untergruppe der langfaserverstärkten Thermoplaste bildet Polypropylen gefolgt von Polyamiden mit einer nicht allzu entscheidenden Bedeutung der anderen thermoplastischen Untergruppen. Faserverbundbauteile mit einer thermoplastischen Matrix stellen insgesamt eine sehr interessante Materialgruppe dar, da ihr werkstofft- und verfahrenstechnisches Entwicklungspotenzial hohe Wachstumsraten verspricht, so dass sie unter anderem für sehr anspruchsvolle Aufgaben in der Luft- und Raumfahrt sowie im Fahrzeugbau geeignet sind [AVK10]. Auch bei Thermoplasten kann die Glasübergangs- oder auch die Kristallisationstemperatur als Ansatzpunkt zur Einleitung von Bewegung bei der Erwärmung bzw. der Spannungsentwicklung bei der Abkühlung herangezogen werden [FIE09].

## 2.1.5 Halbzeuge

Die bei der Verarbeitung zum Einsatz kommenden Komponenten werden entweder direkt zum Endprodukt verarbeitet oder liegen als Halbzeug vor, die dann weiterverarbeitet werden. Abhängig vom vorgesehenen Fertigungsverfahren können die einzelnen Fasern entweder nur auf Spulen zu einzelnen Bündeln bestehend oder aus vielen Endlosfilamenten aufgewickelt sein. Sie werden zudem zu flächigen textilen Halbzeugen wie Geweben, Geflechten oder Gelegen weiterverarbeitet. Diese textilen Verstärkungshalbzeuge können auf das Bauteil und auch auf das Anforderungsprofil angepasst werden. Zur Erzielung komplexer Bauteilgeometrien erfolgt die Verarbeitung zu Preforms, die aus zugeschnittenen Halbzeugen bestehen und durch spezielle Fügeverfahren miteinander verbunden sind [AVK10]. Eine weitere Möglichkeit ist die Herstellung von Prepregs. Dabei handelt es sich um mit Polymerharz vorgetränkte und vorimprägnierte Halbzeuge, die anschließend bis zu ihrer Weiterverarbeitung bis zu sechs Monate bei -18 °C gelagert werden können [FIE09]. Die Lagerung bei so tiefen Temperaturen sorgt für eine Verlangsamung einer kontinuierlich fortschreitenden Aushärtung bzw. Alterung der Matrix im Prepreg [Klein´08]. Nachfolgend werden die unterschiedlichen Halbzeuge kurz beschrieben.

Gewebe bestehen aus sich rechtwinklig verkreuzenden Fäden zweier Fadensysteme, die Kett- und Schussfäden genannt werden. Die Art und Verkreuzung der Fäden kennzeichnet die Bindung, die in den drei Grundtypen Leinwand-, Atlas- und Köperbindung unterteilt wird [ERM07, PAR00]. Die Bindung gibt die Anzahl der stattfindenen Verkreuzungen innerhalb einer bestimmten Länge an. Indem den Geweben auf diese Art ein wellenförmiger Fadenverlauf gegeben wird, ist mit einer Verschlechterung der mechanischen Eigenschaften der Gewebe im Vergleich zu unidirektionalen Verstärkungen, bei denen die Endlosfasern nur in Belastungsrichtung gestreckt vorliegen, zu rechnen. Eine geeignete Auswahl des Bindungstypen sowie der Kett- und Schussfadendichte verringert die Fadenkrümmung, so dass die Einbußen in den mechanischen Eigenschaften nicht so stark sind [AVK10, RUD97].

Bei Geflechten dagegen findet die Verkreuzung der Flechtfäden in schräger Richtung statt und es entsteht ein geschlossenes Warenbild. Dabei sollte bei der Herstellung die Fadenspannung aufrecht gehalten werden, die durch die ständige Bewegung der Spulen zum Flechtmittelpunkt, dem Flechtauge, hin und wieder davon weg variieren kann. Diesem Problem kann mit Gewichts- und Federsystemen entgegengewirkt werden, wodurch eine Kompensation der unterschiedlichen Fadenlängen und somit ein gut ausgebildetes Verstärkungshalbzeug erzielt wird [AVK10].

Gelege bestehen aus einer oder mehreren parallelen Lagen gestreckter Fäden, die alle unidirektional oder in verschiedenen Orientierungen angeordnet sein können [Erm´07]. Bei mehreren Lagen erfolgt die Fixierung der einzelnen Lagen über ein Maschinensystem oder durch chemische Bindungssysteme. Im Vergleich zu Geweben und Gelegen sind die Fäden gestreckt, was zu besseren mechanischen Eigenschaften führt. Solche Multiaxialgelege spielen in der Luftfahrt eine wichtige Rolle und ermöglichen die Herstellung von qualitativ hochwertigen Laminaten [AVK10].

Die mit Reaktionsharz vorgetränkten Fasergebilde (Prepregs) werden großtechnisch vom Halbzeughersteller zur Verfügung gestellt und ermöglichen eine exakte Faserausrichtung und somit eine optimale Ausnutzung der Fasereigenschaften [Klein´08]. In Abbildung 2-3 ist der schematische Aufbau einer Anlage zur Prepregherstellung mit einer duromeren Matrix gezeigt. Hier erfolgt die Imprägnierung der Fasern mittels Harzfolien, welche über Walzen temperiert werden. Dadurch wird zum einen die für die Imprägnierung günstige Harzviskosität eingestellt und durch den Walzendruck wird die Imprägnierung zudem unterstützt.

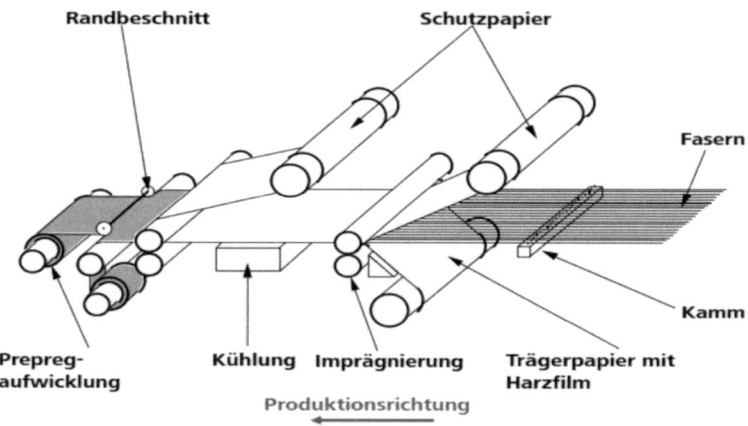

Abbildung 2-3: Anlagenaufbau zur Pregpregherstellung [HUB10]

In einem vorangegangenen Schritt werden Trägerfolien mit der für den Einsatz beabsichtigten Matrix unter Temperaturzuführung beschichtet und zwischengelagert. Nachdem Harz und Fasern zusammengebracht werden, erfolgt eine Kühlung und eine Aufwicklung der Prepregfolien, die dann bei erreichen einer vorbestimmten Länge abgeschnitten werden. Dieser Herstellungsprozess wird Schmelzharzimprägnierung genannt und ist gut reproduzierbar. Er ermöglicht zudem eine genaue Einstellung des Faservolumengehaltes der Prepregs, der ungefähr bei 60% liegt. Die Prepregdicken liegen dabei im Bereich von 0,125-0,250 mm, um eine gute Faser-Matrix-Haftung zu erzielen und somit die Ausbildung faser- bzw. matrixreichen Zonen zu vermeiden [AVK10].

Weiterhin besteht die Möglichkeit neben den Hauptkomponenten Matrix und Faser auch die Integration anderer Materialien wie beispielsweise Faservliesen, Beschichtungen oder Schäumen zur weiteren Verbesserung des Leistungsprofils der Faserverbundkunststoffe [AVK10].

Neben den Halbzeugen für duromere Faserverbundkunststoffe gibt es auch Halbzeuge für thermoplastische Faserverbundkunststoffe. Zu denen zählen neben den thermoplastischen Prepregs, die vorimprägnierte Verstärkungshalbzeuge darstellen, auch Organobleche. Diese sind vollständig imprägniert und konsolidiert und können entweder aus den Prepregs oder auch direkt aus den Verstärkungsfasern und dem Thermoplast hergestellt werden. Die Konsolidierung bzw. Kompaktierung erfolgt entweder im Autoklaven oder in einer Presse. Weiterhin existieren die nicht vorkonsolidierten Halbzeuge, bei denen die Verstärkungsfasern mit einem in Pulverform oder Faserform vorliegendem Thermoplastpolymer imprägniert werden. Durch Aufheizen dieses Verbundes erfolgt die Imprägnierung der Faserfilamente mit der geschmolzenen Matrix, dem der Konsolidierungsschritt folgt [ERM07].

Entscheidend für die Weiterverarbeitung der Halbzeuge ist deren Drapierbarkeit. Diese gibt an wie stark die Halbzeuge verformt werden können, ohne dass zum Beispiel eine Faltenbildung im Material hervorgerufen wird. Dabei sind die textilen Halbzeuge drapierfähiger als die Prepregs, so dass bei Prepregs eine Drapierbarkeit teilweise nur durch Erwärmung mit einhergehender Reduktion der Harzviskosität möglich ist. Daher eignen sich Prepregs für Bauteile mit einfachen Geometrien wie zum Beispiel den Aufbau von dünnwändigen Schalenstrukturen [AVK10].

## 2.2 Fertigungsverfahren

Bei der Herstellung von CFK-Bauteilen bzw. Faserverbundwerkstoffen allgemein richtet sich das einzusetzende Fertigungsverfahren einerseits nach quantitativen Gesichtspunkten wie der Stückzahl des herzustellenden Bauteils und andererseits nach qualitativen Gesichtspunkten. Darunter zählen die Größe, die Oberflächenbeschaffenheit, die Transparenz und ganz wichtig nach dem Anforderungsprofil der mechanischen Eigenschaften und dem vorhandenem Matrixmaterial das beabsichtigte Einsatzgebiet des fertigen Endproduktes [R&G99]. Hier werden einige gängige Fertigungsverfahren für die Herstellung von Faserverbundbauteilen vorgestellt.

### 2.2.1 Handlaminieren

Das Handlaminieren zählt zu den ältesten, einfachsten und am weitesten verbreiteten Verfahren zur Herstellung von Prototypen und kleinen Produktionsserien sowie für Serien mit der Erforderlichkeit zur mehrmaligen Umsetzung von Änderungen. Die im Handlaminierverfahren hergestellten Bauteile weisen eine formglatte und formstrukturierte bzw. faserstrukturierte Oberfläche auf, die mit geringem Werkzeugaufwand und geringen Investitionskosten realisierbar sind. Kennzeichnend ist die Erzeugung vollflächiger und dünnwandiger Bauteile mit beliebig gewölbten und muldenartigen Formen. Diese Werkzeugformen aus Metall, Holz oder aus Faserverbund-

laminaten selbst stellen die Negativform des zu fertigenden Bauteils dar und ermöglichen eine vielseitige Bauteilgestaltung. Bei der Herstellung erfolgt ein lagenweiser
Aufbau der unterschiedlichen Schichten, die auf eine zuvor gesäuberte und mit
Trennmittel versehene Formseite aufgetragen werden. Das Harz wird entweder mit
einem Pinsel oder einer Pistole auf das dort liegende textile Halbzeug hinzugegeben
und sorgt für die Durchtränkung. Nach jeder Lage wird mit einem Handroller oder
einer Handwalze die Lage entlüftet und verdichtet um Fehlstellen zu vermeiden. Zur
Erzielung höherer Festigkeiten und der Aufnahme von Kräften in definierten Richtungen können Zwischenlagen aus Gewebe oder Gelege integriert werden. Die Aushärtung der Lagen erfolgt immer drucklos und bei Raumtemperatur oder auch bei höheren Temperaturen abhängig vom Einsatzbereich und der Temperaturbelastung der
fertigen Bauteile. Aufgrund der Tatsache, dass es sich bei diesem Fertigungsverfahren um reine Handarbeit handelt, ist das Handlaminieren sehr lohnintensiv und mit
langen Fertigungszeiten verbunden. Das macht eine wirtschaftliche Fertigung nur bei
kleinen Stückzahlen möglich auch aufgrund der bedingten Reproduzierbarkeit infolge
handwerklicher Einflüsse [ERM07, R&G99, AVK10].

### 2.2.2 LCM-Verfahren

Liquid Composite Moulding beschreibt eine Gruppe von Flüssigimprägnierverfahren
zur Herstellung von Bauteilen aus Faserverbundkunststoff. Hierbei erfolgt die Bauteilherstellung hauptsächlich aus einer duroplastischer Matrix unter Verwendung von
trockenen textilen Faserhalbzeugen. Diese textilen Halbzeuge werden in eine Form
eingelegt und mittels eines anliegenden Druckgefälles imprägniert und somit Faservolumengehalte von über 60% erreicht [AVK10]. Dabei wird entweder anhand der
Werkzeugausführung zwischen „Open Mould"-Verfahren und „Closed Mould"-
Verfahren sowie anhand der Art der Harzzuführung zwischen Harzinjektions- und
Harzinfusionsverfahren unterschieden. Bei „Closed Mould"-Verfahren ist das in die
Form bzw. Kavität eingelegte und vorgeformte textile Halbzeug beidseitig von einer
unteren und einer oberen Werkzeughälfte umschlossen. Das hat seine Vorteile in der
Produktion von genau definierten Bauteilen mit einer beidseitig hohen Oberflächen-
güte sowie engen Oberflächentoleranzen was zu einem geringeren Nachbearbei-
tungsaufwand in der Prozessfolge führt. Beim „Open Mould"-Verfahren dagegen ist
das zu fertigende Bauteil einseitig vom Basiswerkzeug umgeben und die andere Seite wird durch eine luftdichte Membran gebildet die mit dem Basiswerkzeug verbun-

den ist [KLE08]. Bei der Harzinjektion wird die Harzmatrix durch einen anliegenden Überdruck in die Kavität befördert, wogegen bei der Harzinfusion die Harzmatrix durch einen Unterdruck in das Werkzeug gelangt und das Verstärkungshalbzeug durchtränkt.

Das gängigste Verfahren zur Herstellung von lang- und endlosfaserverstärkter Kunststoffe ist das „Resin Transfer Moulding (RTM)"-Verfahren, das zur Gruppe der Harzinjektionsverfahren zählt [AVK10]. Dazu werden wie in Abbildung 2-4 gezeigt zur Herstellung komplizierter Bauteile in einem vorangegangenen Schritt die textilen Halbzeuge zu Preforms vorgeformt. Anschließend werden diese Preforms faltenfrei sowie endkonturnah zu einer oder mehreren Lagen in die ebenfalls zuvor gereinigte und mit Trennmittel versehene untere Form der Vorrichtung eingelegt. Anschließend wird die obere Form geschlossen, so dass der eingeschlossene Hohlraum dem zu fertigenden Bauteil entspricht. Die komplette Vorrichtung wird über Leitungen mit Behältern verbunden in denen das Duromer enthalten ist und in die Form befördert wird. Zeitgleich erfolgt ein Vorheizen des Werkzeuges, so dass im nächsten Schritt das Harz als Ein- oder Mehrkomponentensystem im vorgemischten Zustand in die Kavität injiziiert werden kann. Das Harz durchströmt die Faserlagen und tritt nach dem Durchtränken an den Entlüftungen aus. Dabei spielen die Wahl der Angusspunkte und der Entlüftungen eine entscheidende Rolle zur Ausbildung einer gleichmäßigen Harzfront zur Erzielung einer optimalen Prozessführung ohne Einbußen in der Bauteilqualität. Nach dem vollständigen Füllen der Kavität und einer möglichen zweiten Spülphase, die der Imprägnierung möglicher trockener Bereiche dient, werden die Entlüftungen geschlossen und die Temperatur erhöht. Damit wird die Aushärtung des Harzes in Gang gesetzt. Nachdem das Bauteil ausgehärtet ist erfolgt die Abkühlung auf Raumtemperatur und die Entnahme aus der Vorrichtung, so dass Nacharbeiten durchgeführt werden können. Diese beschränken sich aufgrund der endkonturnahen Fertigung meist nur auf Entgratevorgänge. Im letzten Schritt erfolgt eine Qualitätsprüfung des fertigen Bauteils [AVK10, FIE09, MEI07].

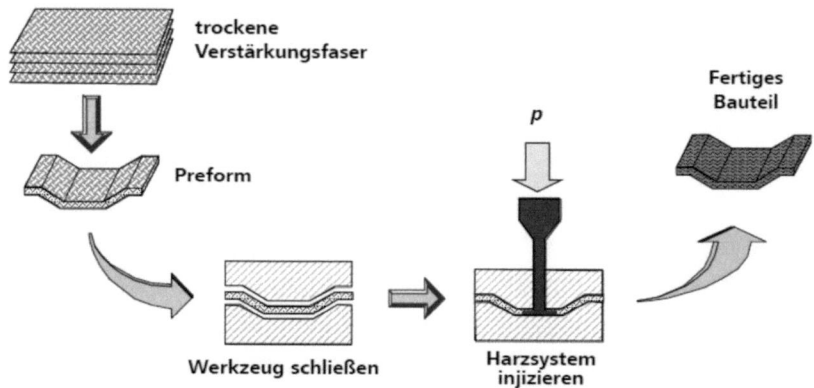

trockene
Verstärkungsfaser

Fertiges
Bauteil

Preform

p

Werkzeug schließen

Harzsystem
injizieren

Abbildung 2-4: Fertigungsfolge beim Harzinjektionsverfahren [HUB10]

Die Vorteile des RTM-Verfahrens und allgemein der Harzinjektionsverfahren liegen in der Möglichkeit der Fertigung von komplexen Bauteilen mit hohen Oberflächengüten und engen Fertigungstoleranzen, der Automatisierbarkeit im Vergleich zum Handlaminieren sowie der hohen Reproduzierbarkeit zu geringen Stückkosten was eine Fertigung von mittleren bis großen Serien im Automobil-, Flugzeug- und Schiffbau wirtschaftlich macht [FIE09]. Zu den Nachteilen zählen neben den hohen Werkzeugkosten aufgrund ihrer komplizierten Gestaltung teilweise auch hohe Imprägnierzeiten bei sehr hohen Fasergehalten und langen Fließwegen die zu sich aufbauenden Fließwiderständen führen können [AVK10].

Die Harzinfusionsverfahren dagegen erfordern einen hohen manuellen Vorbereitungsaufwand zum Anbringen des Vakuumaufbaus was zeitintensiv ist. Alle „Open Mould"-Verfahren wie beispielsweise das Vacuum Assisted Process (VAP) zählen zu den Infusionsverfahren. Der Vakuumaufbau ist in Abbildung 2-5 beispielhaft für den VAP-Prozess dargestellt. Dieser besteht aus einer Vakuumfolie und weiteren Fertigungshilfsmitteln wie Absaugvliesen, Abreißgeweben oder semipermeablen Membranen, die meist nur einmal verwendbar sind und eine Entsorgung nach dem Ende des Fertigungsablaufes erfordern [AVK10]. Das eingelegte Preform wird mit dem Abreißgewebe abgedeckt auf die als Trennfolie die semipermeable Membran kommt. Mit dieser nur für Luft durchlässigen Folie können kleine Luftblasen auch während der Infusion aus dem Harz entfernt werden.

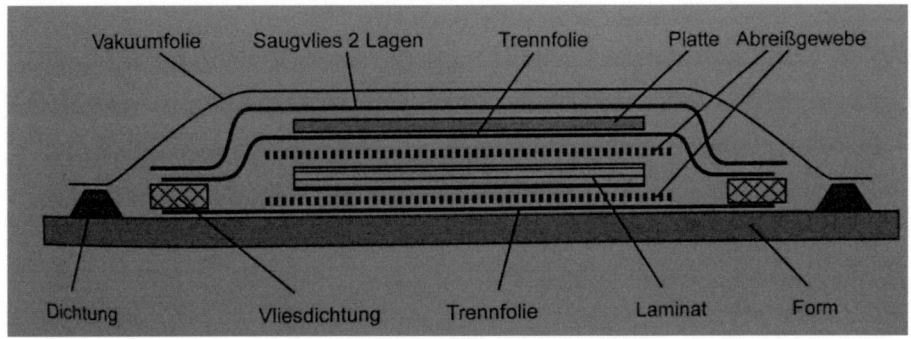

Abbildung 2-5: Lagenaufbau Harzinfusionsverfahren [FIE09]

Über die semipermeable Membran kann eine Platte aufgelegt werden, die wiederum von einem luftdurchlässigen und zweilagigen Absaugvlies umgeben ist. Um das alles herum wird die Vakuumfolie gelegt und luftdicht mit der unteren Formwerkzeughälfte verbunden. Die Harzinfusion erfolgt im Innern des Folienaufbaus und sorgt für eine Füllung aller Zwischenräume des Preforms bis zur semipermeablen Membran. Dabei wird der Folienaufbau durch das Absaugen der Luft aus dem Innern des Aufbaus zusammen mit dem Laminat gegen die untere Form gedrückt. Darauf wirkt der Atmosphärendruck von 1 bar. Eine Druckdifferenz zwischen dem Umgebungsdruck und dem Vakuumdruck sorgt für den Harzfluss und die Imprägnierung der Verstärkungsstruktur [LOU04]. Die anschließende Aushärtung erfolgt abhängig vom Harz entweder bei Raumtemperatur oder in einem Umluftofen bei Temperaturen von 120-180 °C, so dass insgesamt kein aufwendiges Formwerkzeug benötigt wird. Vorteile sind eine hohe Festigkeit bei mittleren Investitionskosten mit der Möglichkeit der Fertigung sowohl komplexer Geometrien wie auch großflächiger Bauteile mit geringen Stückzahlen [MEY08, R&G99]. Im Vergleich zu den Harzinjektionsverfahren können bei den Harzinfusionsverfahren enge Toleranzen nicht so leicht eingehalten werden, weil de Wandstärken beispielsweise abhängig vom Halbzeug und von den Parametern des Fertigungsprozesses sind [KLE08].

Zudem besteht die Möglichkeit eine Kombination der Harzinjektions- und der Harzinfusionsverfahren wie beispielsweise beim Vacuum Assisted Resin Transfer Moulding (VARTM). Dabei können Serienbauteile in sehr hoher Qualität wie beispielsweise für den Flugzeugbau hergestellt werden [FIE09, KLE08].

### 2.2.3 Tapelegen/ Automatic Fiber Placement

Das Tapelegen ist ein von der Luftfahrtindustrie entwickeltes Fertigungsverfahren, bei dem unidirektionale Tapes aus Kohlenstofffasern automatisiert auf eine vorgegebene Kontur abgelegt werden. Die Tapes liegen als Prepregs vor und werden lagenweise auf den Bauteilkern bei Sandwichstrukturen oder ansonsten auf die Form abgelegt. Mit dieser Art der Ablage sind qualitativ hochwertige und hochfeste sowie leichte und große flächige Bauteile wie zum Beispiel das Seitenleitwerk eines Flugzeuges realisierbar. So können die Anforderungen eines reduzierten Gesamtgewichtes unter Beibehaltung bzw. Optimierung der Materialeigenschaften erfüllt werden [ZEN92]. Diese ursprünglich manuell durchgeführte Ablage der Tapes, was mit sehr hohem Aufwand verbunden war, erfolgt heutzutage aufgrund der höheren Wirtschaftlichkeit mit Tapeanlagen. Tapeanlagen bestehen aus den Funktionseinheiten Maschine und Legekopf (Abbildung 2-6) bestehen [MEI07].

Maschi-

Legekopf

Kunststoffrol-

Abbildung 2-6: Tapelegekopf [MEI07]

Zur Realisierung der Herstellung von Bauteilen mit gekrümmten und geometrisch komplexeren Geometrien wurde das Tapelegen zum Automatic Fiber Placement (AFP) weiterentwickelt, wodurch neben dem Automatisierungsgrad auch eine Optimierung der Ablegeleistung erreicht werden konnte [FRA13].

Die auf Spulen kühl vorgelagerten Prepregs werden über ein Zuführsystem in den Legekopf geführt, wo eine von den Fertigungsparametern abhängige Temperierung mit einer Spulenheizung erfolgt. Infolge der Temperierung können die Tapes anschließend über den Legekopf auf die vorgegebene Bahn abgelegt und mittels einer am Legekopf montierten Kunststoffrolle auf den Untergrund gepresst werden Dabei entscheidet die zu fertigende Konturform über die Breite der Tapes. So werden bei flachen Konturen breite Tapes und bei komplexeren Konturen schmalere Tapes eingesetzt, die aufgrund ihrer besseren Drapierbarkeit an die komplexe Formgebung angepasst werden können.

Daher kommen Tapes mit Breiten im Bereich von 125 bis 300 mm zum Einsatz [FRA13, ZEN92]. Einen entscheidenden Einfluss bei der Ablage spielt das Tack-Verhalten der Tapes, womit die Klebrigkeit des eingesetzten Materials und somit das Anhaftungsvermögen auf dem Untergrund. Dieses Tack-Verhalten wird beim Materiallieferanten, der für die Prepregherstellung verantwortlich ist, eingestellt. Eine im Legekopf integrierte Schneideinrichtung sorgt dann für den präzisen Abschnitt der Tapes, so dass durch den Einsatz von Ultraschall-Schneidklingen nur die für die Ablage erforderlichen Tapes abgeschnitten werden und das die Tapes umgebende Trägerpapier zurückbleibt [MEI07]. Durch die mehrfache Ablage solcher Einzellagen nebeneinander und auch in unterschiedlich einstellbaren Faserorientierungen entsteht die gewünschte Bauteildicke. Dabei kann das Werkstück entweder ruhend oder sich bewegend abgefahren werden (Abbildung 2-7) [ZEN92].

Abbildung 2-7: AFP-Maschine bei der Bearbeitung gekrümmter Formen [HIN12]

Diese Art der Bauteilgestaltung ist sowohl mit Prepregs aus duroplastischer sowie auch aus thermoplastischer Matrix realisierbar. Der Einsatz von Thermoplast-Prepregs hat den Vorteil der kürzeren Taktzeiten, jedoch ist hinsichtlich der hohen Viskosität der Matrix ein dementsprechender Temperatureintrag am Ablagepunkt zum Aufschmelzen erforderlich. Dieses Aufschmelzen erfolgt hauptsächlich mit Lasern, die wiederum aufgrund der hohen benötigten Strahlungsleistung hohen

Schutzeinrichtungen und Sicherheitsvorkehrungen unterliegen [FRA13]. Neben den fertigungstechnischen Zielen wie zum Beispiel einem großen Massendurchsatz bzw. Legeleistung bei einem effizienten Materialverbrauch mit wenig Abfall und möglichst kurzen Zykluszeiten steht die Qualität des gefertigten Bauteils im Vordergrund und erfordert insbesondere in der Luftfahrtindustrie umfangreiche Qualitätssicherungs-maßnahmen. Ein Nachteil dieses Fertigungsverfahrens liegt in den hohen Anschaf-fungskosten der Anlagen [ZEN92].

### 2.2.4 Autoklavtechnik

Bei einem Autoklaven handelt es sich um einen gasdicht verschließbaren Druckbe-hälter, in dem zuvor imprägnierte Laminatschichten mit duromerer Matrix unter kon-trollierten Temperatur- und Druckverhältnissen miteinander verpresst und ausgehär-tet werden [MEI07]. Autoklaven ermöglichen mit Durchmessern von bis zu 6,5 m und Längen von bis zu 40 m die Fertigung großer Bauteile mit hochwertiger Qualität für Anwendungen insbesondere in der Luft- und Raumfahrt oder auch im Rennsport. Dieses Fertigungsverfahren zählt zu einem der teuersten und aufwändigsten im Ver-gleich zu anderen. Hauptsächlich erfolgt der Einsatz von Prepregs aus denen sich infolge der Aushärtung mechanisch und thermisch hochbelastete Bauteile mit sowohl flächigen als auch sehr komplexen Geometrien herstellen lassen [R&G99].

Zur Erzielung einer hohen Bauteilgüte ist ein komplexer Lagenaufbau, der dem aus dem zuvor beschriebenem Lagenaufbau beim Harzinfusionsverfahren entspricht, erforderlich und zieht daher eine aufwendige Arbeitsvorbereitung nach sich was zu-sammen mit den meist langen Aushärtezyklen von bis zu 7 h zu insgesamt langen Taktzeiten führt. Mit einstellbaren Drücken von über 6 bar und Temperaturen bis zu 180 °C und mehr ist zur Erzielung der geforderten Bauteilqualität eine präzise Steue-rung von Druck und Temperatur von größter Bedeutung [FIE09]. Damit lassen sich nicht nur hochfeste Bauteile herstellen, sondern es können in vorangegangenen Fer-tigungsverfahren entstandene Fertigungsfehler minimiert bzw. behoben werden.

Das Absaugvlies oder auch Bleeder genannt dient dabei der Aufnahme von über-schüssigem Harz und lässt somit eine kontrollierbare Einstellung des Faservolumen-gehaltes zu. Nach erfolgter Aushärtung infolge der chemischen Vernetzungsreaktion erfolgt die kontinuierliche Abkühlung des Bauteils, dessen Außenkontur durch das in die Form eingelegte Verarbeitungsmaterial gebildet wird [FIE09].

Hinsichtlich der Werkzeugausführung werden meist Werkzeugformen aus CFK verwendet, da bei der Fertigung von CFK-Bauteilen aufgrund des gleichen thermischen
Ausdehnungskoeffizienten von Werkstück und Werkzeug ein sehr geringer Verzug
im Bauteile erzielt werden kann [R&G99]. Aufgrund des ähnlichen Lagenaufbaus
beim Autoklavverfahren und beim Harzinfusionsverfahren existieren kombinierte Verfahren wie beispielsweise das Resin Film Infusion(RFI). Bei diesem verfahren wird
anstatt eines niedrigviskosen Harzsystems ein folienartiger, fester Harzfilm bestehend aus einem abgeleiteten Prepregsystem im Autoklaven unter Druck und Temperatur verflüssigt und sorgt für die Durchtränkung der Verstärkungsfasern (Abbildung
2-8) [KLE08].

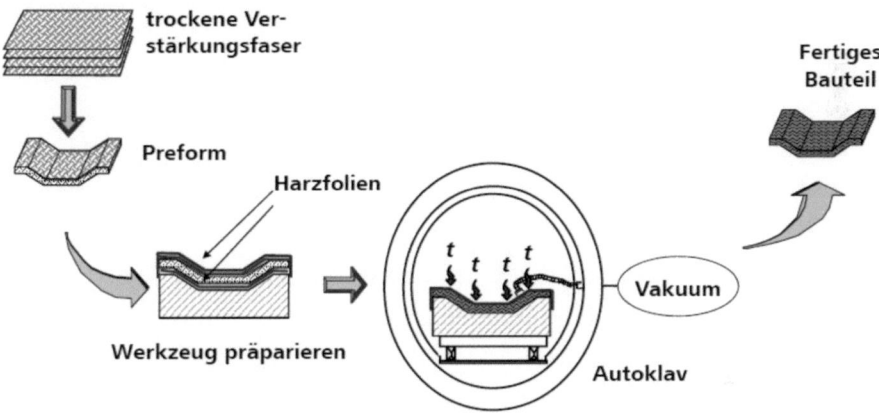

Abbildung 2-8: Fertigungsfolge beim Resin Film Infusion [HUB10]

## 2.2.5 Pultrusion

Die Pultrusion zählt ebenfalls zu den ältesten Verfahren zur Herstellung langfaser-
verstärkter Verbundwerkstoffe, bei der hauptsächlich Profile wie zum Beispiel T-
Profile produziert werden können. Die auf Rollen oder Spulen aufgewickelten Verstärkungselemente werden über ein Abzugssystem dem Werkzeug zugeführt, wo
eine Verarbeitung entweder zu unidirektionalen Verbundwerkstoffen erfolgt oder aber
auch zuvor vorbereitete Preforms in Form von Multiaxialgelegen verarbeitet werden
können. Die Zusammenführung der Verstärkungselemente mit der Matrix kann entweder vor dem Werkzeug in einem Tränkbad oder im Werkzeug selbst stattfinden,
wo den Verstärkungselementen infolge einer Komprimierung die Form des herzustel-

lenden Profils gegeben wird. Auch die Aushärtung der duromeren oder auch thermoplastischen Matrix wird im Werkzeug selbst vorgenommen bei der eine Wärmezufuhr
mittels einer elektrischen Heizung für die Vernetzung sorgt. Dabei soll das in die Matrix eingebrachte Trennmittel für eine Reduktion bei der Entstehung hoher Reibungs-
kräfte an den Werkzeugwänden sorgen. Bei einer Imprägnierung in einem Tränkbad
ist im Einzugsbereich des Werkzeuges ein Kühlbereich vorgelagert, um eine zu frühe
Reaktion der Matrix zu vermeiden. Die Vorteile einer automatisierten Herstellung
qualitativ hochwertiger Profile in großen Mengen und einer wirtschaftliche Fertigung
werden bei der Umstellung auf neue Geometrien von aufwendigen und zeitintensiven
Maßnahmen bis zur Erreichung der geforderten Qualität und der bisher vorzugswei-
se auf den Flugzeugbau beschränkten hohen Fertigungsrate weniger Bauelemente
begleitet. Weitere Anwendungen liegen beispielsweise im Bereich der Sportartikel
oder der Medizin- und Satellitentechnik, wobei eine Erweiterung des Verfahrens zur
Herstellung gekrümmter Profile mit veränderlichem Querschnitt neue Anwendungs-
bereiche zugänglich macht [AVK10, KLE08].

## 2.2.6 Wickeltechnik

Zur Herstellung von Formteilen wie zum Beispiel Behältern oder Rohren für den
Transport flüssiger und gasförmiger Stoffe aber auch für komplizierte nicht rotations-
symmetrischer Bauteile kann das Wickelverfahren zum Einsatz kommen. Dabei wird
zwischen Nass-, Trocken- und Prepregwickeln unterschieden [AVK10, ZEN92]. Die
Bauteilgeometrie wird von einem Positivkern vorgegeben, auf dem die auf Vorrats-
spulen aufgewickelten Verstärkungsfäden infolge einer Relativbewegung zwischen
einem Fadenauge und dem Bauteilkern lagenweise aufgewickelt werden. Dabei kann
der Bauteilkern fest und das Fadenauge drehend oder der Bauteilkern drehend und
das Fadenauge translatorisch verfahren sein. Die eingesetzten Wickelkerne verbleiben entweder im fertigen Bauteil als sogenannte verlorene Kerne und erfüllen Zu-
satzfunktionen wie zum Beispiel eine Medienbeständigkeit oder sie werden entweder
ausgeschmolzen bei kleinen Durchmessern und einer geringen Stückzahl oder bei
großen Durchmessern zerlegt. Das Ringfadenauge erlaubt dabei die gleichzeitige
Ablage einer größeren Anzahl an Rovings [AVK10]. Die exakte und rutschfeste Ablage der Verstärkungsfäden erfolgt in einer bestimmten Anordnung durch die Auswahl
des Wickelmusters (Abbildung 2-9) sowie durch die Vorgabe eines Startpunktes und
eines Ablagewinkels. Vor dem Aufwickeln durchlaufen die Verstärkungsfäden zur

Imprägnierung eine Tränkeinrichtung, so dass die Fadenspannung immer konstant gehalten werden sollte. Diese Fadenspannung hat einen direkten Einfluss auf den Faservolumengehalt des fertigen Bauteils, welcher bei bis zu 80% liegen kann. Die Abzugsgeschwindigkeiten richten sich nach der eingesetzten Wickeltechnik, so dass beim Prepregwickeln höhere Geschwindigkeiten aufgrund der stärkeren Haftung der Matrix auf den Fasern realisierbar sind. Andernfalls kann es bei zu hohen Geschwindigkeiten zu einem Ausschleudern des Harzes oder zu einer schlechten Faserdurchtränkung infolge einer kürzeren Verweilzeit in der Tränkeinrichtung kommen [ZEN92].

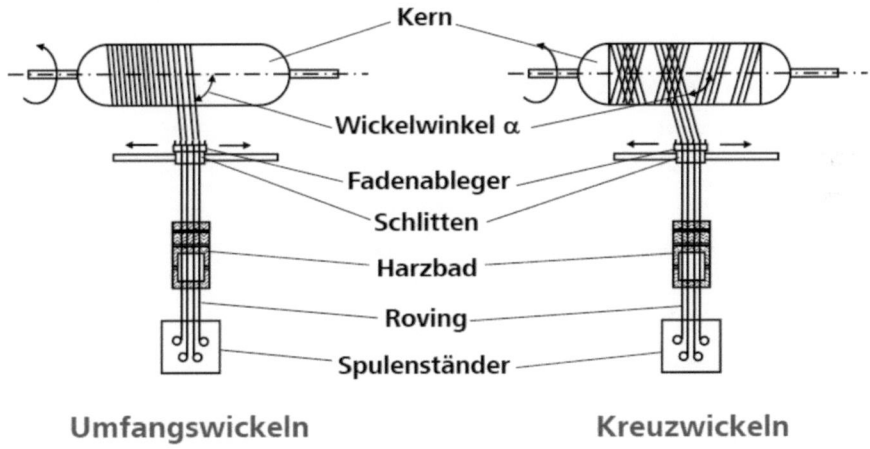

Abbildung 2-9: Verfahrensaufbau beim Nasswickeln [HUB10]

Mit der Komplexität der Bauteilgeometrie steigt die Anzahl der benötigten Freiheitsgrade der Wickelmaschine die bei einfachen Geometrien auf zwei Achsen verfahren kann. Das Wickeln ist sowohl mit duromeren als auch mit thermoplastischen Matrixsystemen durchführbar, wobei beim Einsatz thermoplastischer Matrixsysteme eine zusätzliche Vorrichtung in Form einer Heizquelle zum Aufschmelzen der Matrix und eine zum Abkühlen schon während der Kompaktierung bzw. Konsolidierung notwendig sind. Das thermoplastische Halbzeug und die auf dem Kern bereits abgelegten Lagen werden am Ablagepunkt aufgeschmolzen und so miteinander gefügt, dass ein gleichmäßige Verankerung der Fasern in der Matrix stattfindet ohne dass dabei qualitative Einbußen wie beispielsweise Lufteinschlüsse entstehen. Andruckrollen unterstützen dabei die Konsolidierung. Als Aufheizmethoden kommen meist berührungslose Heizquellen wie Laser oder auch Infrarotstrahlung zum Einsatz, da das gute Absorptionsvermögen von Kohlenstofffasern in einem bestimmten Wellenlängenbereich der Strahlungen eine gute Erwärmung möglich macht. Den Vorteilen verkürzter Verarbeitungszeiten aufgrund nicht benötigter Aushärteprozesse, verbesserten mechanischen Eigenschaften und einer Umweltverträglichkeit stehen die Nachteile der höheren erforderlichen Verarbeitungstemperaturen aufgrund der hohen Viskosität der thermoplastischen Matrix und somit einer aufwendigeren Prozessführung gegenüber [AVK10].

Eine hohe Genauigkeit sowie Produktivität aufgrund der Automatisierbarkeit des Wickelverfahrens machen dieses sehr wirtschaftlich zur Herstellung von Bauteilen mit den jeweiligen Anforderungen entsprechenden Eigenschaften [R&G99]. Eine Online-Qualitätssicherung und Prozessdokumentation mit Informationen zu wichtigen Parameterkennwerten wie zum Bespiel der Harztemperatur, der Faserspannung oder auch der Fadenabzugsgeschwindigkeit ermöglichen es zeitnah bei auftretenden Prozessstörungen einwirkend in den Prozess eingreifen zu können .

## 2.3 Prüfmethoden

Zur Auswertung von Faserverbundbauteilen hinsichtlich vorhandener Defekte wie z.B. Poren gibt es die Möglichkeit der zerstörenden und die Möglichkeit der nicht zerstörenden Prüfung. Mittels zerstörender Prüfverfahren ist eine quantitative Bestimmung des Porengehaltes erreichbar. Zu den zerstörenden Verfahren zählen das Auswerten von Schliffbildern und das Dichteverfahren. Bei Schliffbildern wird die Porenfläche ins Verhältnis zur Gesamtfläche gesetzt, indem eine optische Auswertung erfolgt. Dabei wird angenommen, dass eine homogene Porenverteilung mit einer gewissen Porentiefe vorliegt. Beim Dichteverfahren wird wie der Name es schon sagt die Dichte der zu untersuchenden Probe und seiner Komponenten bestimmt. Dabei kann entweder eine Trennung von Matrix und Fasern durch Pyrolyse erfolgen oder Wasser bzw. geschmolzener Schwefel kann zur Füllung der Poren eingesetzt werden. Anhand des Schwefels sind Mikroporen gut erkennbar [GEH11].

Als zerstörungsfreie Prüfmethoden gibt es unter anderem das Röntgen-, Ultraschall- und Thermographieverfahren. Beim Röntgenverfahren wird mittels Röntgenstrahlung oder einem auf der Probe aufgebrachtem Kontrastmittel wie z. B. Schwefel oder Zinkiodid-Lösungen dafür gesorgt, dass vorhandene Risse, Poren oder sonstige Bauteilschädigungen anhand eines Röntgenbildes oder einer optischen Prüfung die Kontrastunterschiede zwischen Fehlstellen und deren umgebender Bauteilstruktur aufgezeigt werden. Das Thermographieverfahren macht es möglich anhand der Bauteilanregung mit einem Heizimpuls und infolge von Oberflächentemperaturschwankungen auf die Porosität im Bauteil zu schließen. Das Aufheizen erfolgt berührungslos mit Aufheizdüsen oder Scheinwerfern und es ist eine komplette Bewertung von der Oberfläche bis in die Tiefe mithilfe von Wärmebildern möglich. Bei vorhandenen Poren findet eine Temperaturminderung statt, so dass die Temperatur vor der Pore höher ist als hinter der Pore. Umso geringer der Porengehalt, desto besser ist die Temperaturverteilung [MAI13, TOS13]. Das Thermographieverfahren bietet sich für die Inspektion großer Flugzeugteile sehr gut an [GEH11].

Auch das Ultraschallverfahren bietet sich sehr gut an, um Rückschlüsse auf die Infusion und die anschließende Vernetzungsreaktion in Bezug auf Porengehalt und der Laminatdicke zu gewinnen. Hierbei können durch ein Medium gesendete akustische Ultraschallwellen einer Schallschwächung unterliegen, welche in Form eines Druckpegels die Höhe des Energieverlustes angibt. Als Kontaktmedium kommt Wasser, Luft oder Glukose zum Einsatz. Vorhandene Poren sorgen aufgrund ihrer viel höheren akustischen Impedanz im Vergleich zur Matrix für einen akustischen Unterschied, was zu einer elastischen Streuung des Ultraschalls führt. Die Verluste infolge der Schallschwächung ergeben sich vom Prüfkopf aus gesehen an den Mediengrenzen und somit an der Vorderseite und an der Rückseite des Bauteils sowie durch die Bauteildicke hinweg, so dass eine vollständige Untersuchung der Bauteilstruktur stattfindet [GEH11]. Mittels des Ultraschallverfahrens ist eine qualitative Bewertung von Fehlern in ihrer Größe, Form und Orientierung möglich [TOS13]. Mit steigendem Porengehalt ergibt sich demzufolge auch eine höhere Schalldämpfung. Verluste können sich aber unter anderem auch durch Oberflächenrauigkeiten oder auch fehlerhaft eingestellten Systemen ergeben. Vorteilhaft sind die kurzen Prüfzeiten zur Ermittlung des Porengehaltes, wogegen dieses Verfahren sich nicht bei Krümmungen und komplexen Strukturen anwenden lässt [MAY11, GEH11].

## 2.4 Technologische Schnittstellen und Wechselwirkungen

Zur Fertigung eines Produktes erfolgt von vornherein eine Auslegung von Zielen und Anforderungen des Produktes und die Beschreibung des Weges wie das Produkt diesen Vorgaben gerecht werden kann. Da das zu fertigende Produkt bis zu seiner endgültigen Form meist mehrere Fertigungsschritte durchläuft wird eine Auslegung fertigungstechnischer Prozessketten vorgenommen. Prozessketten setzen sich aus mehreren Prozesskettenelementen zusammen, welche einer bestimmten Anordnung entsprechen und somit den Weg eines Objektes von seinem Eingangszustand bis zu seinem Ausgangszustand beschreiben. Ein Prozesskettenelement wiederum kann einen oder mehrere Prozesse beinhalten. Prozesse stellen einzelne Arbeitsbewegungen dar, wohingegen durch Prozesskettenelemente ganze Fertigungsoperationen wie zum Beispiel die Erzeugung von Preforms beschrieben werden. Somit erfolgt eine Abgrenzung fertigungstechnischer Vorgänge [BRA08]

Jedoch findet zwischen den Prozesskettenelementen mittels technologischer Schnittstellen eine Verknüpfung statt. Der innerhalb einer Prozesskette vorhandene Leistungsfluss macht eine Beschreibung von Übergabegrößen zwischen benachbarten Prozesskettenelementen notwendig, welche wie in Abbildung 2-10 dargestellt die Ausgangsgröße eines Prozesskettenelementes n-1 und zugleich die Eingangsgröße des darauffolgenden Prozesskettenelementes n beinhalten. Als Übergabegrößen können beispielsweise der Energieverbrauch, die Bauteilgeometrie oder auch der Übergabezeitpunkt in Frage kommen.

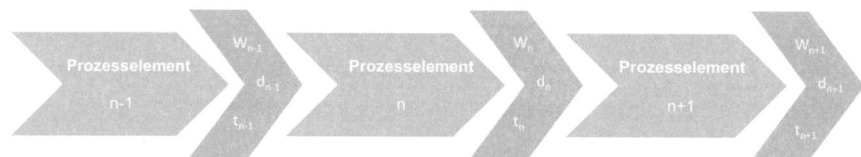

W: Energie; d: Durchmesser; t:Übergabezeitpunkt

Abbildung 2-10: Aufbau einer Prozesskette [BRA08]

Die technologische Schnittstelle gibt den Übergabezustand aller Übergabeparameter zwischen zwei Prozesskettenelementen zum Übergabezeitpunkt wieder. Die prozessübergreifende Auslegung von technologischen Schnittstellen macht es möglich vorhandene technologische Wechselwirkungen innerhalb der Prozesskette und auch zwischen Prozessketten selbst zu erkennen um somit ein umfassenderes Gesamtbild der anvisierten Ziele zu erhalten[BRA08].

Durch die Verknüpfung der Fertigungsprozesse mittels der technologischen Schnittstellen kann es zu Wechselwirkungen kommen. Diese Wechselwirkungen müssen nicht zwangsweise zwischen benachbarten Fertigungsprozessen vorliegen, da es möglich ist die Übergabeparameter auf verschiedene Fertigungsprozesse zu verteilen. Diese auftretenden Wechselwirkungen erfordern somit eine gezielte Anpassung der Arbeitsvorgänge zueinander, so dass der Ist-Übergabezustand einer Ausgangsgröße eines Prozesskettenelementes auch dem Soll-Übergabezustand einer Eingangsgröße des benachbarten oder auch später in der Prozesskette folgenden Prozesskettenelementes entspricht [TÖP02].

# 3 Identifizierung von möglichen Wechselwirkungen

Zur Herstellung von CFK-Hochleistungskomponenten für den Flugzeugbau ist zur Erkennung von Fehlerursachen eine ganzheitliche Betrachtung aller beteiligten Fertigungsprozesse notwendig. Somit kann eine Bewertung dieser Fertigungsprozesse hinsichtlich der Optimierung zukünftiger Fertigungsprozessketten vorgenommen werden. Eine solche Bewertung wird in diesem Kapitel mittels der vorgegebenen Prozesskette des Forschungsprojektes „Hochleistungsproduktion von CFK-Strukturen" vorgenommen. Nach einer Beschreibung dieser erfolgt eine stärkere Fokussierung auf die Fertigungsverfahren mit einer entscheidenden Bedeutung zur Herstellung des beabsichtigten Bauteils. Dabei wird eine Identifikation möglicher Wechselwirkungen bzw. Abhängigkeiten vorgenommen denen diese Fertigungsverfahren unterliegen könnten und die einen ausgeprägten Einfluss auf die letztendliche Bauteilqualität haben. Im abschließenden Schritt findet eine Auswahl einer dominanten Wechselwirkung statt, die dann im nächsten Kapitel näher untersucht wird.

## 3.1 Prozesskette des Forschungsprojektes HP CFK

Der Anteil an kohlenstofffaserverstärktem Kunststoff im Flugzeugbau steigt stetig an, so dass der zukünftige Trend beispielsweise die Fertigung eines kompletten Rumpfes eines Verkehrsflugzeuges hauptsächlich aus CFK vorsieht. Dabei erscheint eine Verlagerung weg von der Prepregtechnologie im Sinne eines vermehrten Einsatzes von Liquid Composite Moulding sowohl aus fertigungstechnischer als auch aus wirtschaftlicher Sicht denkbar [IFS07]. Kürzere Zykluszeiten die eine Fertigung höherer Stückzahlen ermöglichen sowie eine verlässliche Reproduzierbarkeit der Fertigungsabfolge stellen entscheidende Erfolgsfaktoren dar [PRE12]. Daher ist die Bearbeitungsstrategie für eine optimale Fertigung von vornherein festzulegen, so dass klar ist ob die Bearbeitung in mehreren Schritten oder in einem einzigen Schritt endkonturnah erfolgt. Die einzelnen komplexen Baugruppen des Rumpfes werden in einem Verbund in Integralbauweise gefertigt und mittels chemischer Bindungen anstatt der zuvor üblichen mechanischen Verbindungen zusammengehalten [FAB13].

Diesen genannten Aspekten der zukunftsorientierten Fertigung von Flugzeugkomponenten widmet sich das Forschungsprojekt Hochleistungsproduktion von CFK-Strukturen (HP CFK). Dabei handelt es sich um ein Verbundprojekt mit unterschiedlichen Schwerpunkten, die auf die einzelnen Verbundpartner und deren Arbeitsthemen abgestimmt sind. So beinhaltet das Forschungsprojekt insgesamt vier Teilprojekte. Das erste Teilprojekt umfasst die Bauweisen, dessen Zielsetzung eine Auslegung produktionsgerechter und robuster Designs durch eine Berücksichtigung von Fertigungsungenauigkeiten sowie anderen beeinflussenden Faktoren und der Integration dieser in der Optimierung zur Fertigung faserverbundgerechter Lösungen ist. Mit dem zweiten Teilprojekt wird der optimale Einsatz von Werkstoffen und die Prozessführung bei der Verarbeitung dieser Werkstoffe hin zu schnellen aber auch wirtschaftlichen Fertigungsprozessen untersucht. Innerhalb des dritten Teilprojektes spielt die Anlagen- und Automatisierungstechnik mit einer Auslegung variabler funktionsintegrierter Formwerkzeuge sowie einer prozessintegrierten Qualitätsprüfung eine wichtige Rolle. Zur Verknüpfung der Inhalte aus diesen drei Teilprojekten hinsichtlich des beabsichtigten Gesamtkonzeptes bedarf es einer Prozesskette, zu deren Auslegung werkstofftechnische, produktionstechnische, ökonomische und bauweisenspezifische Kriterien herangezogen werden. Diese Auslegung der Prozesskette ist Bestandteil des vierten Teilprojektes. Das mittels dieser Teilprojekte anvisierte Gesamtkonzept ist die Fertigung eines Demonstartors, welcher einen Ausschnitt eines Flugzeugrumpfes mit einem Durchmesser von ca. 2000 mm darstellt. In Abbildung 3-1- ist das Demonstrator gezeigt.

Abbildung 3-1: Demonstrator

Die zur Herstellung des Demonstrators vorgegebene Prozesskette ist hier für eine nähere Untersuchung dieser vorgegeben und ist mit ihren Prozesskettenelementen in Abbildung 3-2 wiedergegeben. Eine Beschreibung dieser prozesskette wird im Folgenden vorgenommen.

Die Prozesskette beginnt mit einer Prozessplanung bzw. einer Vorbereitung, in der unter anderem technologische Schnittstellen identifiziert werden um eine optimierte Auslegung der Prozesskette durchführen zu können. Sobald dies geschehen ist erfolgt der Fertigungsstart mit der Fertigung des Hautfeldes der Außenhaut. Diese Außenhaut wird aus CFK-Prepreg mittels des AFP-Prozesses eben gelegt, so dass sie im nächsten Prozessschritt in die vorgesehene Geometrie umgeformt und anschließend in das Aushärteumformwerkzeug umgelegt werden kann. Zeitgleich werden parallel zum Umlegeprozess Anbindungs- und Kreuzungspunkte gefertigt. Diese sind aus Trockengelege und werden zu Preforms umgeformt. Sobald die Anbindungs- und Kreuzungspunkte gefertigt sind, können diese auf die umgeformte Außenschale des Rumpfes gefügt werden. Auch die Versteifungsprofile werden zu Preforms umgeformt und entsprechend ihrer Anordnung auf die Außenschale gelegt.

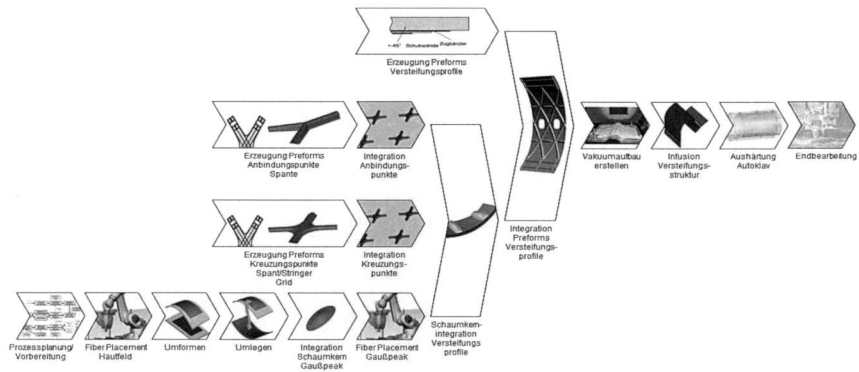

Abbildung 3-2: Prozesskette zur Fertigung des Demonstrators

Im nächsten Prozessschritt wird dann der Vakuumaufbau zur Infusion der Versteifungsstrukturen sowie der Anbindungs- und Kreuzungspunkte erstellt. Dabei werden die benötigten Hilfsmaterialien zurechtgeschnitten und in der in Kapitel 1 beschriebenen Reihenfolge aufgelegt, auf die dann die Vakuumfolie kommt. Dieser ganze Aufbau wird verdichtet, so dass keine Luft in den Aufbau eindringen kann. Erst dann erfolgt die Infusion unter Vakuum und durch Hinzugabe des Harzes zur Durchtränkung der trockenen Fasergelege bzw. Faserstrukturen. Nach erfolgreicher Infusion wird das gesamte Rumpfsegment in den Autoklaven gefahren, wo dann die Aushärtung sowohl des Harzes in den Versteifungsstrukturen als auch des Harzes in den Prepregs der Außenhaut stattfindet. Im letzten Prozessschritt folgen eine Endbearbeitung sowie eine Qualitätsprüfung des gefertigten Bauteils.

Für die nähere Untersuchung der Prozesskette werden aufgrund ihrer stärkeren Bedeutung bei der Herstellung des Demonstrators die Fertigungsprozesse AFP, Umformen, Vakuumaufbau & Infusion sowie Aushärtung näher betrachtet. Abbildung 3-3 zeigt die näher betrachteten Fertigungsprozesse.

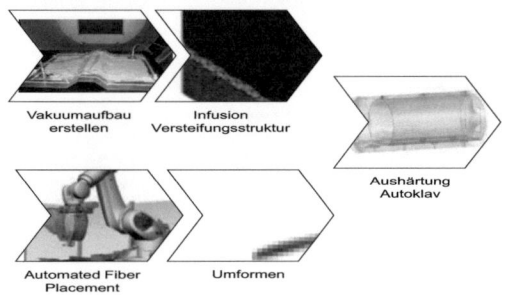

Abbildung 3-3: Betrachtete Fertigungsprozesse

## 3.2 Identifizierung möglicher Wechselwirkungen innerhalb der Prozesskette

Die nähere Betrachtung der Prozesskette anhand der in Abbildung 3-3 gezeigten Fertigungsprozesse dient der Herausarbeitung möglicher Wechselwirkungen zwischen den Fertigungsprozessen und somit innerhalb der Prozesskette.

Die Qualität des Demonstrators infolge der Fertigung mittels der beschriebenen Prozesskette ist abhängig von verschiedenen Grundparametern. Es muss keine unmittelbare Abhängigkeit dieser Grundparameter voneinander vorhanden sein, jedoch leistet jeder Grundparameter seinen entscheidenden Beitrag zur Sicherstellung der geforderten Bauteilqualität. Zu diesen Parametern zählen [MEI07]:

- die eingesetzten Werkstoffe
- die Werkzeuge zur Formgebung
- die Verarbeitung
- der Härtungsprozess
- die Nachbearbeitung

Beim AFP-Prozess spielen die eingesetzten Werkstoffe und die Verarbeitung die entscheidende Rolle. Aus werkstofftechnischer Sicht ist die Qualität des vom Halbzeughersteller vorgefertigten und vom Verarbeiter eingesetzten Prepregs von großer Bedeutung. Die Faserbänder müssen dabei zentral zwischen den Deckfolien des Trägerpapiers liegen, so dass beim Einsatz von vornherein keine Unregelmäßigkeiten in der Sollbahn des Faserverlaufs vorhanden sind. Neben der zentralen Lage ist auch die Klebrigkeit der Prepregs entscheidend, welche auch vom Halbzeughersteller eingestellt wird und die Haftfähigkeit der Tapes zum Untergrund bestimmt [ZEN92]. Die Prepreglagen werden wie schon bei der Beschreibung der Prozesskette erklärt eben auf eine Unterform gelegt. Die einzelnen Lagen werden dabei benachbart nebeneinander abgelegt. Über die Anpressrolle wird der Anpressdruck auf die Lagen übertragen und sorgt für deren festen Sitz auf der Ablagebahn. Aufgrund der Ablage mehrerer Prepreglagen übereinander stellt der aufgebrachte Anpressdruck einen entscheidenden Prozessparameter dar, da dieser zur Beseitigung von vorhandenem Restluftvolumen zwischen den Lagen beiträgt. Eingeschlossenes Restluftvolumen führt zu einer Porenansammlung im Bauteil und mindert somit dessen innere Qualität. Mit steigender Anzahl an Lagen nimmt die Möglichkeit von eingeschleuster Luft und den damit vorhandenen Poren zu, die dann in späteren Arbeitsschritten nicht komplett entfernt werden können [MEI07, MEY08]. Das Ablegen der einzelnen Tapelagen nebeneinander kann bei nicht allzu präziser Prozessdurchführung ebenso zur Entstehung von Spalten (Gaps) oder auch Überlappungen führen, die dann aufgrund folgender Lagenaufbauten Faserquetschungen zur Folge haben und somit die mechanischen Eigenschaften des Bauteils stark verschlechtern [ZEN92]. Zur Erzielung hoher Ablegeraten stellen auch die Ablegegeschwindigkeit und die Prozesstemperatur qualitätsbeeinflussende Prozessparameter dar, denn nur wenn das Prepregmaterial auf die erforderliche Betriebstemperatur gebracht wird, kann für eine qualitativ gute Legeleistung gesorgt werden. Mit der Ablegegeschwindigkeit steigt zwar die Ablegerate, jedoch ist die Wahrscheinlichkeit des Auftretens von möglichen oben genannten Fehlern wie Spalten oder Überlappungen ebenso größer [MEI07].

Eine ebene und gerade Ablage der Tapes erfolgt aus dem Grund, da Prepregs im Vergleich zu trockenen Halbzeugen eine geringere Verformbarkeit bzw. Drapierbarkeit aufweisen. Umso breiter die Tapes, desto geringer ist die Drapierbarkeit. Bei der Überschreitung einer Drapierbarkeitsgrenze kann es zur Faltenbildung im Material kommen, was ebenfalls einen negativen Einfluss auf die mechanischen Eigenschaften des Bauteils hat [ZEN92].

Die Drapierbarkeit spielt auch beim Umformen eine entscheidende Rolle, wo der Lagenaufbau der eben neben- und übereinander abgelegten Tapes in die vorgesehene Geometrie umgeformt wird und somit seine Krümmung erhält. Dabei kann es zu einer Umlenkung von Fasern kommen, was als Ondulation bezeichnet wird. Die Entstehung von umgelenkten bzw. gekrümmten Fasern im Material führt zu einer Herabsetzung des Leistungsniveaus, da diese Fasern aufgrund der geringeren Steifigkeit geringere Lasten aufnehmen können als gestreckte Fasern und es daher zu einer Abnahme der Druck- und Zugfestigkeit des Bauteils kommt.

Ondulation spielt jedoch bei der Herstellung von Multiaxialgelegen eine entscheidendere Rolle. Der dort vorgenommene Aufbau sowie die Handhabung der Zuschnitte beim Transport des Multiaxialgeleges zum Preformprozess kann zu einer Umlenkung führen. Diese Umlenkung wiederum macht sich dann im darauffolgenden Fertigungsprozess stark bemerkbar, indem die lokal vorhandenen Störungen einen Einfluss auf den fehlerfreien Bereich ausüben. Dieser Einfluss zeigt sich vor allem bei den Open-Mould-Verfahren, wo infolge der vorhandenen flexiblen Vakuumfolie Fasern ober- sowie unterhalb der Umlenkungszonen in die dort entstehenden Hohlräume gedrückt werden und das Bauteil somit insgesamt in seinen mechanischen Eigenschaften geschwächt wird [KLE08].

Bei der anschließenden Infusion der vorgeformten und auf die Außenhaut gefügten Anbindungs- und Kreuzungspunkte sowie Versteifungsstrukturen aus trockenem Fasermaterial spielen die eingesetzten Werkzeuge und Hilfsmaterialien eine entscheidende Rolle zur Erzielung der beabsichtigten Bauteilqualität. Das zum Einsatz kommende Werkzeug sei es beim RTM-Verfahren oder bei den Open-Mould-Verfahren muss vor Prozessbeginn gesäubert und mit Trennmittel versehen werden, um ein einfaches Entformen des fertigen Bauteils zu ermöglichen. Auch beim Einlegen des Preforms ist eine hohe Sorgfalt gefragt, damit das Preform in seine vorgesehene Position auf dem Werkzeug anliegt und es zu keinem Einfluss auf den Durchtränkungsvorgang kommt [AVK10]. Bei den Open-Mould-Verfahren spielt das Zuschneiden und das Auflegen der Hilfsmaterialien auf dem Preform sowie das Anbringen der Vakuumfolie eine für die fehlerfreie Prozessführung wichtige Rolle. Dabei muss die Vakuumfolie beim Anbringen von Vakuum eng auf dem Preform anliegen und es darf keine Luft ins Innere des Aufbaus gelangen. Beim RTM-Verfahren stellt der Einspritzdruck eine wichtige Prozessgröße dar. Sie entscheidet über die Fließfrontgeschwindigkeit des Harzes und somit über das Durchtränkungsverhalten des trockenen Fasergeleges. Da der Kavitätsquerschnitt aber auch der Faservolumengehalt variabel sind kann diese Prozessgröße nicht kontrollierbar konstant gehalten werden. Bei einer zu hohen Fließfrontgeschwindigkeit des Harzes kann es zu Luftblasen im Harz oder zu unzureichend durchtränkten Bereichen im Faserhalbzeug infolge der Verschiebung einzelner Faserbereiche kommen. Bei einer zu geringen Fließfrontgeschwindigkeit kann der Beginn der Vernetzungsreaktion eintreten bevor das Gelege vollständig durchtränkt ist. Für ein entsprechendes Voranschreiten der Harzfließfront ist ebenso die Viskosität des Harzes eine wichtige Größe. Diese wird unter anderem durch die Werkzeugtemperatur in ihrem Betriebsbereich gehalten. Die Komponenten des eingesetzten Harzsystems liegen vermischt vor oder werden vor dem Zugeben des Harzes in die Kavität vermischt. Die Viskosität des Harzes, die Permeabilität des Faserhalbzeuges sowie der aufgebrachte Injektionsdruck hängen beim RTM-Verfahren voneinander ab. Die Permeabilität bestimmt die Durchlässigkeit eines Faserpakets gegenüber einem viskosen Fluid. Mit einem höheren Faservolumengehalt und einer kompakteren Faserarchitektur nimmt die Permeabilität ab und der Injektionsdruck muss dann dementsprechend höher sein um das Harz durch die Hohlräume des Faserpakets zu befördern [FIE09].

Abhängig von der Bauteilgeometrie ist das Anbringen der Angüsse und Entlüftungsstellen wichtig. Dabei gibt es punkt- oder linienförmige Angussweisen sowie die Möglichkeit den Anguss mittig oder am Rand des zu durchtränkenden Bauteils anzubringen. Der richtige Aufbau in Verbindung mit den für die Bauteilqualität entscheidenden Prozessparametern macht einen fehlerfreien LCM-Prozess möglich. Die vollständige Durchtränkung des Faserhalbzeugs unter Vermeidung von Prozessfehlern steht dabei im Vordergrund. Ein möglicher Prozessfehler mit erheblichen Folgen für die Bauteileigenschaften sind Poren infolge eingeschlossener Gaseinschlüsse im Bauteil. Deren Entstehung hat viele Ursachen. Neben Lufteinschlüssen ist auch Wasserdampf ein Risiko zur Bildung von Poren. So können beispielsweise beim Vacuum Assisted Resin Infusion(VARI)-Verfahren bei einem hohen Unterdruck im Innern des Aufbaus Bestandteile aus dem Harz ausgasen und so zur Porenbildung beitragen es sei denn sie gehen vor der Aushärtung wieder in die Harzlösung ein. Da bei diesem Verfahren kein Überdruck anliegt wie es in einem Autoklaven der Fall ist, können nicht alle sich aufbauenden Gaseinschlüsse in dem Sinne komprimiert werden, sodass die Poren ganz reduziert werden. Vorhandene Poren verschlechtern nicht nur die mechanischen Eigenschaften des Bauteils, sondern ermöglichen das Eindringen von Medien in das Laminat und die Möglichkeit einer nicht zerstörenden Prüfung wird zudem noch erschwert. Der Wasserdampf dagegen wird beim Aushärten freigesetzt und sorgt für ein dementsprechend großes Porenvolumen [KLE08]. Die Matrix erfährt beim Aushärten in RTM-Werkzeugen einen Volumenschwund und in Verbindung mit der starren Kavität kann ein Unterdruck innerhalb der Kavität entstehen der zu einem Aufschäumen der Matrix in noch nicht ausgehärteten Bereichen führt was wiederum die Entstehung von Poren zur Folge hat. Hier besteht die Möglichkeit zur Vermeidung des Volumenschwundes den Injektionsdruck bis zum Gelieren des Harzes aufrecht zu erhalten oder der Injektionsdruck kann in Form eines Nachdruckes dazu genutzt werden den Porenanteil zu reduzieren. Somit ist es dann möglich unterschiedlich geformte Strukturen mit einem geringen Porengehalt und glatten Oberflächen zu fertigen [FIE09].

Nach Beendigung des Infusionsprozesses folgt die Aushärtung des gesamten Bauteils im Autoklaven. Hier werden die die einzelnen Prepreglagen der Außenhaut aber auch die Versteifungsstrukturen und die Anbindungs- und Kreuzungspunkt durch das Aufbringen eines Druckes von 7-10 bar und einer Temperatur von 180 °C ausgehärtet. Aufgrund des Druckes ist es dabei möglich Poren aus vorangegangenen Fertigungsprozessen ganz zu entfernen oder zumindest den Porenanteil zu reduzieren [MEY08]. Jedoch kann es auch beim Autoklavprozess zur Entstehung von Poren kommen oder vorhandene Poren können sich vergrößern und mit anderen Poren zusammenschließen, wodurch der Porengehalt zusätzlich steigt. Die Entstehung kann unter anderem durch Ausgasungen aus dem sich im Bauteil befindlichem Schaumkern erfolgen [KLE08].

Ein weiterer möglicher Fehler im Bauteil während der Aushärtung kann aufgrund eines unterschiedlichen Wärmeausdehnugskoeffizienten von Bauteil und Werkzeug eine auftretende Delamination sein. Dadurch kann es zum Ablösen von Werkstoffpartikeln aus dem Faserverbundkunstoff kommen [KLE08]. Eine gleichmäßige Temperaturverteilung über das ganze Bauteil ist daher sehr wichtig, so dass es zu keinen thermisch bedingten Schäden im Bauteil kommt. Zu diesen Schäden zählen zudem auch sich aufbauende Eigenspannungen infolge der Temperatur und des Druckes was zu Rissen im Bauteil führen kann. Diese jedoch erholen sich mit der Abkühlung sofern diese kontinuierlich stattfindet [FIE09]. Der Druck sorgt zudem dafür, dass zusätzlich noch Harz aus dem Verbund entfernt wird, wodurch bestimmte Faservolumengehalte erzielt werden und zwischen 60 und 70% liegen können [MEY08].

Der Faservolumengehalt ist ein ebenfalls wichtiges Kriterium für die endgültigen mechanischen Eigenschaften des fertigen Bauteils. Ist der Faservolumengehalt zu niedrig so dominieren die Matrixeigenschaften im Bauteil. Infolgedessen besitzt das Bauteil eine geringere Steifigkeit und Festigkeit bei einer negativen Gewichtsbilanz Beim Prepreg ist aufgrund der Vorimprägnierung der Fasern durch den Hersteller der Faservolumengehalt meist vorgegeben und unterliegt keinen weiteren großen Änderungen. Bei der Verarbeitung von textilen Faserhalbzeugen dagegen kann der Faservolumengehalt im fertigen Bauteil durch eine Dosierung des zugeführten Harzes während der Fertigung variiert werden. Als optimaler Richtwert gilt ein Fasergehalt von ca. 60% [KLE08]. Nach dem Autoklavprozess können noch anfallende Nachbearbeitungsschritte am Bauteil erfolgen, die hier aber nicht relevant sind.

Es ist zu erkennen, dass innerhalb der einzelnen Fertigungsprozesse eine Vielzahl an möglichen Fehlern auftreten können, die es hinsichtlich der Erzielung einer vorgegebenen Bauteilqualität zu vermeiden gilt. Dabei handelt es sich neben Verarbeitungsfehlern durch manuell ausgeführte Tätigkeiten auch um Prozessfehler die abhängig von den im Prozess eingestellten Prozessparametern auftreten können. Verarbeitungsfehler können durch eine sorgfältige und verantwortungsbewusste Arbeitsweise vermieden werden, wogegen die Prozessfehler durch die angepasste Abstimmung und Kontrolle der Prozessparameter vermeidbar sind oder zumindest gering gehalten werden können. Da die hier beschriebenen möglichen Fehler jeweils für die einzelnen Fertigungsprozesse aufgearbeitet wurden, stellt sich die Frage inwiefern haben auftretende Fehler eines Fertigungsprozesses einen Einfluss auf direkt oder auch später nachfolgende Fertigungsprozesse. Es gilt die Abhängigkeiten bzw. Wechselwirkungen unter den einzelnen Fertigungsprozessen hinsichtlich der Möglichkeit von sich im Material befindlichen Fehlern zu ermitteln. Die auftretenden Fehler haben einen unterschiedlich ausgeprägten Einfluss auf die Bauteilqualität, so dass eine Anpassung der nachfolgenden Fertigungsprozesse zur Beseitigung dieser Fehler erforderlich ist. Eine Anpassung kann helfen diese Fehler ganz zu beseitigen oder sie nur teilweise zu beheben.

Diese möglichen Fehler können als Qualitätskriterium beschrieben werden, da abhängig davon wie stark diese auftreten die Qualität des Bauteils beeinflusst wird. Diese qualitätsbeeinflussenden Faktoren sind wiederum von prozessbedingten Faktoren abhängig, zu denen neben konstruktiven Vorgaben auch die Materialeigenschaften von Fasern und Harz, die Verarbeitungsweise und die eingestellten Prozessparameter zählen. Tabelle 3-1 gibt eine Übersicht der zu den Fertigungsprozessen ermittelten Qualitätskriterien sowie der für den Prozess wichtigen Prozessgrößen. Anhand der Tabelle ist zu erkennen, dass es Qualitätskriterien gibt, die bei mehr als einem Fertigungsprozess auftreten können. Das deutet auf eine bestehende Wechselwirkung zwischen den einzelnen Fertigungsprozessen hin und bedarf einer stärkeren Betrachtung. So ist Ondulation ein Qualitätskriterium, welches sowohl beim AFP-Prozess als auch beim Umformen Einfluss auf die Bauteilqualität ausübt. Der Faservolumengehalt dagegen wird überwiegend durch die Fertigungsprozesse Infusion und Autoklav mitbestimmt. Poren können aus dem AFP-, dem Infusions- wie auch aus dem Aushärteprozess entstehen. Diese Wechselwirkungen zwischen den einzelnen Fertigungsprozessen werden im Folgenden kurz erläutert, während die anderen Qualitätskriterien keine weitere Berücksichtigung finden.

Die Entstehung von Ondulationen durch den AFP-Prozess kann einen Einfluss auf die nachfolgende Umformung der gelegten Außenhaut haben, da sie beim Umformen beseitigt werden kann oder sich möglicherweise verstärkt. Für das Auftreten von Ondulation beim AFP-Prozess sind neben der Faserspannung und der Tapebeförderung durch den Legekopf auch die vorhandene Druckdifferenz entscheidende prozessbedingte Faktoren, die es zu kontrollieren gilt.

| Fertigungsprozess | Qualitätskriterium | Prozessgrößen |
|---|---|---|
| AFP | Zentrale Lage der Prepregs zwischen den Deckfolien des Trägerpapiers | Anpressdruck |
| | Klebrigkeit | Ablegegeschwindigkeit |
| | Poren | Prozesstemperatur |
| | Spalten, Überlappungen | |
| | Ondulation | |
| Umformen | Ondulation | Umformgeschwindigkeit |
| Infusion | Vakuumaufbau | Druck |
| | Permeabilität des Faserhalbzeuges | Temperatur |
| | Poren | |
| | Volumenschwund | |
| | Faservolumengehalt | |
| Aushärtung im Autoklav | Poren | Druck |
| | Delamination | Temperatur |
| | Risse infolge von Eigenspannungen | |
| | Faservolumengehalt | |

Tabelle 3-1: Qualitätskriterien der betrachteten Fertigungsprozesse

Beim Umformen spielen dann die prozessbedingten Faktoren Kompaktierung, Temperatur und Umformgeschwindigkeit eine entscheidende Rolle und diese gilt es so einzustellen, dass eine durch den AFP-Prozess vorhandene Ondulation in der Außenhaut korrigiert wird. Daher muss der Umformprozess auf die Bauteileigenschaften des aus dem AFP-Prozess kommenden Bauteils angepasst werden, damit die schon vorhandenen Fehler durch Beibehaltung der zuvor beabsichtigten Faktoren und Prozessparameter sich nicht verstärken. Das wiederum würde die nachfolgenden Fertigungsprozesse beeinträchtigen und könnte auch dazu führen, dass das Bauteil bevor es diese nachfolgenden Fertigungsprozesse erreicht als Ausschuss gewertet wird.

Der Entstehung von luftreichen Hohlräumen kann wie schon beschrieben mit einem entsprechenden Anpressdruck entgegengewirkt werden, der für eine Kompaktierung der einzelnen Prepreglagen sorgt und eine qualitätsmindernde Wirkung verhindert. Sollte es dennoch zur Entstehung von Poren kommen so besteht die Möglichkeit diese während des Aushärteprozesses im Autoklaven abhängig von ihrem vorhandenen Anteil ganz zu entfernen oder den Porengehalt zumindest zu reduzieren. Dabei sind der Aushärtezyklus und die Kombination von Druck und Temperatur von entscheidender Bedeutung hinsichtlich der Korrektur von vorhandenen Poren. Da es infolge des auf das Bauteil aufgebrachten Prozessdruckes im Autoklaven zu einer noch stärkeren Kompaktierung der Prepreglagen kommt, wird vorhandener Luftanteil im Bauteil verringert. Durch die verwendeten Temperaturen kann es jedoch auch dazu kommen, dass sich das Porenvolumen infolge von Ausgasungen vergrößert. Eine Abstimmung der beiden Parameter Druck und Temperatur ist daher entscheidend dafür wieweit der durch den AFP-Prozess entstandene Porengehalt ohne das Auftreten anderer Gegenerscheinungen korrigiert werden kann.

Bei der Infusion der trockenen vorstrukturierten und gefügten Faserhalbzeuge spielen Poren und der Faservolumengehalt des Bauteils eine qualitätsbeeinflussende Rolle, die infolge der prozessbedingten Faktoren kontrolliert werden können. Dabei hängt zum Beispiel die Entstehung von Poren auch von den vorangegangenen Prozessen wie dem Erzeugen der Preforms ab. Dadurch erhalten die textilen Faserhalbzeuge die für den Fertigungsprozess entscheidende Permeabilität, die einen Einfluss auf die Durchtränkung des Faserhalbzeuges mit Harz hat. Hierbei ist auch die Viskosität des Harzes wichtig, denn bei einer höheren Viskosität ergibt sich eine schlechte und auch zeitaufwendigere Durchtränkung des porösen Mediums. Daher stellt die Prozesstemperatur zur Schaffung einer betriebsgerechten Harzviskosität einen wichtigen prozessbedingten Faktor dar. Bei den LCM-Fertigungsverfahren, die unter Vakuum ablaufen hängt die Qualität des Fertigungsprozesses auch von der Vakuumqualität ab. Das Vakuum bedarf einer angepassten Parametrierung zur Erzielung der beabsichtigten Bauteileigenschaften. Neben dem Fertigungsprozess selber ist auch der Vakuumaufbau entscheidend. Die zum Einsatz kommenden Hilfsmaterialien im Vakuumaufbau tragen beispielsweise beim VAP-Verfahren dazu bei vorhandene Luft aber kein Harz aus dem Inneren des Bauteils durchzulassen um somit die Möglichkeit der Entstehung von Poren zu vermeiden. Andererseits sind einige auch dafür gedacht im Bauteil vorhandenes Harz abzugreifen, um einen Harzüberschuss zu vermeiden. Diese Tatsache in Verbindung mit der im Bauteil vorhandenen Druckdifferenz ermöglicht es den Faservolumengehalt des Bauteils einzustellen. Ein weiterer prozessbedingter Aspekt zur Kontrolle des Faservolumengehaltes ist ein Postflow.. Die textilen Faserstrukturen werden bis zu einem gewissen Punkt mit Harz versorgt, ab dem dann das Harzzufuhrventil geschlossen wird und lediglich das auf der Zufuhrseite vorhandene Harz nachfließt und für die Durchtränkung des Bauteils sorgt. Die Zeit vom Schließen des Zufuhrventils bis zur vollständigen Durchtränkung wird als Postflowzeit bezeichnet. Dabei darf das Zufuhrventil nicht zu früh geschlossen werden, da die Menge an nachfließendem Harz nicht ausreichen könnte um das trockene Faserhalbzeug vollständig zu durchtränken. Aber auch ein zu spätes Schließen des Harzzufuhrventils hat einen nach der Durchtränkung verbleibenden Harzüberschuss zur Folge, sodass der Faservolumengehalt dadurch geringer ausfällt. Die Postflowzeit verhilft auch dabei die während der Infusion verbrauchte Harzmenge zu kontrollieren. Sowohl durch den Durchtränkungsprozess entstandene Poren wie auch ein vorhandener Harzüberschuss können im nachfolgenden Aushärteprozess im Autoklaven durch das Aufbringen eines hohen Druckes korrigiert werden, so dass infolge der Kompaktierung eine Beseitigung der Poren und eine Verdrängung überschüssigen Harzes zur Erzielung des gewünschten Faservolumengehaltes erfolgen kann. Da die Aushärtung jedoch abhängig vom verwendeten Harzsystem auch mit hohen Temperaturen verbunden ist, kann es zu den bereits beschriebenen Ausgasungseffekten bei der Aushärtung im Autoklaven kommen.

Der Aushärteprozess im Autoklaven beinhaltet sowohl Möglichkeit in vorangegangenen Fertigungsprozessen entstandene qualitätsbeeinflussende Fehler zu beseitigen als auch die Möglichkeit infolge einer schlechten Prozessführung für die Entstehung oder aber auch die Vergrößerung des Effektes der vorhandenen Fehler sorgen zu können. Zudem wird infolge der Wärmezufuhr und dessen Dauer der Vernetzungsgrad zwischen Harz und Fasern mitbestimmt, welcher einen Einfluss auf die Bauteilqualität hinsichtlich der mechanischen Eigenschaften besitzt. Daher ist der Autoklavzyklus durch eine angepasste Kombination der prozessbedingten Parameter Temperatur und Druck sehr entscheidend. Das in Abbildung 3-4 dargestellte Schaubild verdeutlicht noch einmal die vorangegangene Beschreibung der hier erarbeiteten Wechselwirkungen.

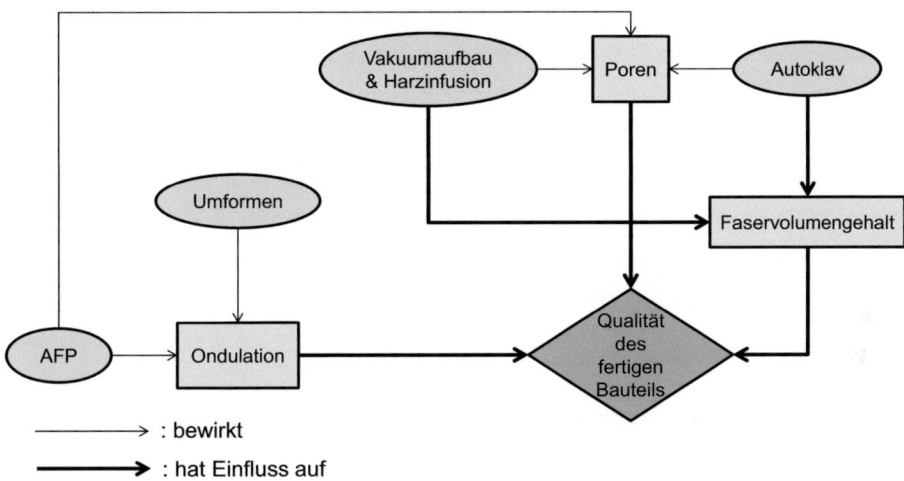

: bewirkt
: hat Einfluss auf

Abbildung 3-4: Wechselwirkungen zwischen den fertigungsprozessen

Zusammenfassend kann festgehalten werden, dass vier Wechselwirkungen innerhalb der Prozesskette in Bezug auf die Fertigungsprozesse APF, Umformen, Infusion und Aushärtung im Autoklav anhand von Qualitätskriterien herausgearbeitet werden konnten. Diese vier Wechselwirkungen sind:

- Ondulation AFP/ Umformen
- Poren AFP/ Autoklav
- Poren Infusion/ Autoklav
- Faservolumengehalt (FVG) Infusion/ Autoklav

Aus diesen vier Wechselwirkungen gilt es im nächsten Abschnitt die Wechselwirkung mit dem stärksten Einfluss auf die Bauteilqualität auszuwählen.

## 3.3 Auswahl der zu untersuchenden Wechselwirkung

Eine genauere Untersuchung aller zuvor erarbeiteten Wechselwirkungen hinsichtlich ihres Einflusses auf die Bauteilqualität sowohl aus theoretischer Sicht wie auch anhand von experimentellen Versuchen würde den Rahmen dieser Arbeit zu stark ausdehnen, so dass es gilt eine Wechselwirkung anhand ihrer Ausgeprägtheit und ihres größten Einflusses hinsichtlich der Bauteileigenschaften des fertigen Demonstrators auszusuchen. Aus diesem Grund wurden die erarbeiteten Wechselwirkungen innerhalb eines Workshops in einem interdisziplinären Team aus Mitarbeitern des Forschungsprojektes erörtert und deren Einflussnahme auf die endgültigen Bauteileigenschaften erarbeitet, so dass eine Bewertung der einzelnen Wechselwirkungen vorgenommen werden konnte. Zur Durchführung einer solchen Bewertung wurden zunächst Bewertungskriterien aufgestellt, anhand derer die Bewertung durchgeführt werden konnte. Auf diese Weise sollte sich dann eine Wechselwirkung herauskristallisieren, die im Vergleich zu den anderen Wechselwirkungen die beste Übereinstimmung mit den Bewertungskriterien hat. Die im weiteren Verlauf erläuterten Bewertungskriterien lauten:

- Beobachtbarkeit/ Messbarkeit Qualitätskriterium
- Beobachtbarkeit Prozessparameter
- Ausprägung/ Stärke der Wechselwirkung/ Abhängigkeit
- Aufwand für Prozessgestaltung
- Aufwand für Messung
- Möglichkeit zur Adaption des Prozessparameters

Das Bewertungskriterium „Beobachtbarkeit/ Messbarkeit Qualitätskriterium" beschreibt wie stark das Qualitätskriterium optisch ausgeprägt ist und mit dem bloßen Auge wahrgenommen werden kann. Umso besser diese Beobachtbarkeit bzw. Messbarkeit gegeben ist, desto geringer fällt der Prüfaufwand zur Bestimmung der tatsächlichen Ausprägung hinsichtlich der Bauteileigenschaften aus. Eine schlechte Beobachtbarkeit/ Messbarkeit bekommt daher einen Punkt, eine gute zwei Punkte und sollte die Beobachtbarkeit/ Messbarkeit mit dem bloßen Auge sehr gut sichtbar sein, so erhält es drei Punkte. Die gleiche Punkteverteilung existiert auch für das Qualitätskriterium „Beobachtbarkeit Prozessparameter", womit die die Wechselwirkung beschreibenden Prozessparameter und dessen Verfolgung während der Prozessdurchführung mitverfolgt bzw. kontrolliert werden können. Mit dem Qualitätskriterium „Ausprägung/ Stärke der Wechselwirkung/ Abhängigkeit" wird der Grad des Einflusses der Wechselwirkung auf die endgültigen Bauteileigenschaften beschrieben. Die Punkteverteilung hier ist ein Punkt für eine geringe Ausprägung, zwei für eine mittlere Ausprägung und drei Punkte falls diese Wechselwirkung einen starken Einfluss die die endgültige Bauteilgüte besitzt. Bei den Qualitätskriterien „Aufwand zur Prozessgestaltung" und „Aufwand für Messung" wird die Ausführbarkeit von experimentellen Untersuchungen für eine mögliche Detektion der Wechselwirkung beschrieben. Hier wird der Aufwand mit groß, mittel oder klein bewertet. Das Qualitätskriterium „Möglichkeit zur Adaption des Prozessparameters" ist ähnlich wie das Qualitätskriterium „Beobachtbarkeit Prozessparameter", mit dem Unterschied, dass hier das messtechnische Abgreifen der Größen der auf die Wechselwirkung bezogenen Prozessparameter stärker berücksichtigt wird. Daher erfolgt die Bewertung hier nur nach gut oder schlecht. In Tabelle 3-2 ist das zur Bewertung herangezogene Punktesystem mit seiner Zuordnung zu den jeweiligen Qualitätskriterien gezeigt. Als Beispiel zeigt Tabelle 3-3 die Bewertungsmatrix für die Wechselwirkung „Poren AFP/ Autoklav".

| Bewertungskriterium | Bewertungsskala | | |
|---|---|---|---|
| Beobachtbarkeit/Messbarkeit Qualitätskriterium | 1=schlecht | 2=gut | 3=sehr gut |
| Beobachtbarkeit Prozessparameter | 1=schlecht | 2=gut | 3=sehr gut |
| Ausprägung/Stärke der Wechselwirkung/Abhängigkeit | 1=gering | 2=mittel | 3=stark |
| Aufwand für Prozessgestaltung | 1=groß | 2=mittel | 3=klein |
| Aufwand für Messung | 1=groß | 2=mittel | 3=klein |
| Möglichkeit zur Adaption des Prozessparameters | 1=schlecht | | 2=gut |

Tabelle 3-2: Bewertungskriterien und zugehöriges Punktesystem

| Fertigungsprozess | AFP | | | Autoklav | |
|---|---|---|---|---|---|
| Qualitätskriterium | Poren | | | Poren | |
| Beobachtbarkeit/ Messbarkeit Qualitätskriterium | | | | | |
| Beobachtbarkeit Prozessparameter | Druck | Legegenauigkeit | Zwischenvakuum | Druck | Temperatur |
| Ausprägung/ Stärke der Wechselwirkung | | | | | |
| Aufwand für Prozessgestaltung | | | | | |
| Aufwand für Messung | | | | | |
| Möglichkeit zur Adaption des Prozessparameters | Druck | Legegenauigkeit | Zwischenvakuum | Druck | Temperatur |

Tabelle 3-3: Bewertungsmatrix der Fertigungsprozess AFP/ Autoklav

Die mittels des Workshops zur Bewertung herangezogenen und den in der betrachteten Wechselwirkung stehenden Fertigungsprozess kennzeichnenden Prozessparameter bezüglich des Qualitätskriteriums sind nachfolgend in Tabelle 3-4 angegeben.

| Wechselwirkung | Qualitätskriterium | Fertigungsprozess | Prozessparameter |
|---|---|---|---|
| AFP/ Umformen | Ondulation | AFP | Faserspannung |
| | | | Tow-Förderung |
| | | | Druckdifferenz |
| | | Umformen | Umformgeschwindigkeit |
| | | | Kompaktierung |
| | | | Temperatur |
| AFP/ Autoklav | Poren | AFP | Druck |
| | | | Legegenauigkeit |
| | | | Zwischenvakuum |
| | | Autoklav | Druck |
| | | | Temperatur |
| Infusion/Autoklav | Poren | Infusion | Druckdifferenz |
| | | | Vakuumqualität |
| | | | Temperatur |
| | | | Permeabilität |
| | | Autoklav | Druck |
| | | | Temperatur |
| | | | Schwindung |
| Infusion/Autoklav | FVG | Infusion | Druckdifferenz |
| | | | Vakuumaufbau |
| | | | Postflowzeit |
| | | Autoklav | Druck |
| | | | Vakuumaufbau |
| | | | Zyklus |

Tabelle 3-4: Prozessparameter der Fertigungsprozesse

Die Bewertung erfolgte jeweils von den teilnehmenden Personen aus dem Workshop, so dass am Ende vier Bewertungsmatrizen zur Auswertung zur Verfügung standen. Eine Bewertungsmatrix ausgefüllt von einem der Teilnehmer zeigt Tabelle 3-5, welche sich auf die Wechselwirkung „Porengehalt AFP/ Autoklav" bezieht.

| Fertigungsprozess | AFP | | | Autoklav | |
|---|---|---|---|---|---|
| Qualitätskriterium | Poren | | | Poren | |
| Beobachtbarkeit/ Messbarkeit Qualitätskriterium | 2 | | | 2 | |
| Beobachtbarkeit Prozessparameter | Druck | Legegenauigkeit | Zwischenvakuum | Druck | Temperatur |
| | 2 | 2 | 3 | 3 | 3 |
| Ausprägung/ Stärke der Wechselwirkung | 3 | 3 | 2 | 3 | 2 |
| Aufwand für Prozessgestaltung | 1 | | | 3 | |
| Aufwand für Messung | 1 | | | 2 | |
| Möglichkeit zur Adaption des Prozessparameters | Druck | Legegenauigkeit | Zwischenvakuum | Druck | Temperatur |
| | 2 | 2 | 2 | 2 | 2 |

Tabelle 3-5: Vollständige Bewertungsmatrix für die Wechselwirkung Porengehalt AFP/ Autoklav

Unter Berücksichtigung aller ausgefüllten Bewertungsmatrizen wurden im ersten Schritt für jedes Bewertungskriterium innerhalb einer Wechselwirkung sowie den dazugehörigen Prozessparametern die Mittelwerte der Bewertungen, die Standardabweichung und die Varianz berechnet. Im nächsten Schritt erfolgte eine Gegenüberstellung und Vergleich der Prozessparameter für jeden einzelnen Fertigungsprozess innerhalb einer Wechselwirkung. Dafür wurde für jeden Prozessparameter die Summe aller Mittelwerte und aller Varianzen gebildet, sodass die Prozessparameter anhand der Bewertungen untereinander verglichen werden konnten und es somit möglich war die Anzahl der Prozessparameter auf zwei Prozessparameter zu reduzieren. Nur für den Fertigungsprozess Infusion mit dem Qualitätskriterium Poren verblieben drei statt der zuvor vorhandenen vier Prozessparameter. Als nächstes erfolgte eine Feinabstimmung unter den Bewertungen, da es bei manchen Bewertungspunkten einige Ausreißer gab was sich an der jeweiligen Varianz wiederspiegelte. Überall dort, wo die Varianz einen größeren Wert als 0,5 hatte, wurde dieser Ausreißer aus der Bewertung rausgenommen und der neue Mittelwert mit den verbleibenden drei Bewertungen gebildet. So ergab sich eine neue Bewertungsmatrix mit zwei bzw. drei Prozessparametern je Fertigungsprozess innerhalb einer Wechselwirkung und einer Neuberechnung der Mittelwerte, Standardabweichungen und Varianzen je Bewertungskriterium. Tabelle 3-6 zeigt eine so neu erhaltene Bewertungsmatrix für den Fertigungsprozess Autoklav aus der Wechselwirkung „FVG Infusion/ Autoklav".

| Fertigungsprozess | Kriterium | Prozessparameter | Bewertungen | | | | Ausprägung | Mittelwert | Standardabweichung | Varianz |
|---|---|---|---|---|---|---|---|---|---|---|
| Autoklav | Beobachtbarkeit des Qualitätskriteriums | | 2 | 1 | 2 | 3 | 2 | 2,00 | 0,71 | 0,50 |
| | Beobachtbarkeit der Prozessparameter | Druck | 2 | 3 | 3 | 3 | 3 | 2,75 | 0,43 | 0,19 |
| | | Zyklus | 2 | 3 | 3 | 3 | 3 | 2,75 | 0,43 | 0,19 |
| | Ausprägung der Abhängigkeit | Druck | 2 | | 3 | 3 | 3 | 2,67 | 0,47 | 0,22 |
| | | Zyklus | 2 | 1 | 2 | 3 | 2 | 2,00 | 0,71 | 0,50 |
| | Aufwand für die Prozesgestaltung | | 2 | 3 | 3 | 2 | 2 3 | 2,50 | 0,50 | 0,25 |
| | Aufwand zur Messung | | 1 | ■ | 1 | 2 | 1 | 1,33 | 0,47 | 0,22 |
| | Möglichkeit zur Adaption der Prozessparameter | Druck | 2 | 2 | 2 | 2 | 2 | 2,00 | 0,00 | 0,00 |
| | | Zyklus | 2 | 2 | 2 | 2 | 2 | 2,00 | 0,00 | 0,00 |

Tabelle 3-6 Erneuerte Bewertungsmatrix für das Qualitätskriterium Faservolumengehalt infolge der Aushärtung im Autoklaven

Das schwarze Feld bei der zweiten Bewertung für das Kriterium „Aufwand zur Messung" zeigt das Ergebnis einer Feinabstimmung, so dass diese Bewertung in die Berechnung des Mittelwertes, der Standardabweichung und der Varianz nicht berücksichtigt wurde. Diese Vorgehensweise wurde für alle Qualitätskriterien mit dem Bezug zu dem Fertigungsprozess, wo sie auftreten könnten vorgenommen.

Als Ergebnis dessen konnten diese Qualitätskriterien einander gegenübergestellt werden, was einen Vergleich ermöglichte. Diese Gegenüberstellung kann der Tabelle 3-7 entnommen werden. Dabei wurde das Qualitätskriterium Poren mit dem Bezugsfertigungsprozess Autoklav sowohl aus der Wechselwirkung des Autoklaven zum AFP-Prozess wie auch zum Infusionsprozess zusammengefasst, da in beiden Wechselwirkungen mit dem Druck und der Temperatur die gleichen Prozessparameter vorhanden sind. Anhand der Gegenüberstellung wurde dann im vorletzten Schritt für jedes Qualitätskriterium in Bezug auf dessen einflussnehmenden Fertigungsprozess die Summe der so ermittelten Punkte für die einzelnen Bewertungskriterien inklusive deren Prozessparameter gebildet. Aus dieser Summe erfolgte im letzten Schritt noch die Mittelwertbildung, was den Vergleich der Qualitätskriterien innerhalb eines Rankings möglich machte. Das so erhaltene Ranking ist in Tabelle 3-8 dargestellt.

Tabelle mit Kriterien zur Auswahl:

| Qualitätskriterium aus Bezugs-Fertigungsprozess | Beobachtbarkeit des Qualitätskriteriums | Beobachtbarkeit der Prozessparameter | | | | Stärke der Abhängigkeit/ Wechselwirkung | | | | Aufwand zur Prozessgestaltung | Aufwand zur Messung | Möglichkeit zur Adaption der Prozessparameter | | | | Summe | Mittelwert |
|---|---|---|---|---|---|---|---|---|---|---|---|---|---|---|---|---|---|
| | | PP 1 | PP 2 | PP 3 | PP 4 | PP 1 | PP 2 | PP 3 | PP 4 | | | PP 1 | PP 2 | PP 3 | PP 4 | | |
| Porengehalt aus Automated Fibre Placement | 1,5 | 2,75 | 2 | | | 3 | 2 | | | 1,25 | 1,33 | 2 | 1,5 | | | 17,33 | 1,926 |
| Porengehalt aus Autoklav | 2 | 3 | 2,75 | | | 3 | 2 | | | 2,5 | 2 | 2 | 2 | | | 21,25 | 2,361 |
| Porengehalt aus Infusion | 2 | 2,25 | 2,5 | 2,75 | | 2,5 | 2,75 | 2,25 | | 2,25 | 1,33 | 2 | 1,75 | 2 | | 26,33 | 2,194 |
| Fasenvolumengehalt durch Infusion | 2 | 2,25 | | 3 | | 1,33 | 2,25 | | | 2,25 | 1,5 | 2 | 2 | | | 18,58 | 2,064 |
| Fasenvolumengehalt durchAutoklav | 2 | 2,75 | 2,75 | | | 2,67 | 2 | | | 2,5 | 1,33 | 2 | 2 | | | 20,00 | 2,222 |
| Ondulation aus Automated Fibre Placement | 2 | 2,67 | 2 | | | 2,5 | 2,75 | | | 1,5 | 1,5 | 1,75 | 1,75 | | | 18,42 | 2,047 |
| Ondulation aus Umformen | 1,75 | 3 | 3 | | | 2 | 2 | | | 2 | 1,5 | 2 | 2 | | | 19,25 | 2,139 |

Tabelle 3-7: Gegenüberstellung der einzelnen Qualitätskriterien

| Platzierung | Qualitätskriterium | Mittelwert der Punkte |
|---|---|---|
| 1. | Poren aus Autoklav | 2,361 |
| 2. | FVG durch Autoklav | 2,222 |
| 3. | Poren aus Infusion | 2,194 |
| 4. | Ondulation aus Umformen | 2,139 |
| 5. | FVG durch Infusion | 2,064 |
| 6. | Ondulation aus AFP | 2,047 |
| 7. | Poren aus AFP | 1,926 |

Tabelle 3-8: Ranking der Qualitätskriterien

Wie aus dem Ranking hervorgeht lautet das Ergebnis der Auswertung, dass das Qualitätskriterium Poren infolge des Autoklavprozesses das Qualitätskriterium mit der besten Übereinstimmung in Bezug auf die Bewertungskriterien ist. Zur Auswahl der Wechselwirkung mit dem stärksten Einfluss auf die Bauteilqualität können nun die Mittelwerte der in Wechselwirkung stehenden Fertigungsprozesse hinsichtlich des gleichen Qualitätskriteriums addiert werden, was zu dem in Tabelle 3-9 gezeigtem Ergebnis führt.

| Platzierung | Wechselwirkung | Summe der Mittelwerte |
|---|---|---|
| 1. | Poren Infusion/ Autoklav | 4,555 |
| 2. | Poren AFP/ Autoklav | 4,287 |
| 3. | FVG Infusion/ Autoklav | 4,286 |
| 4. | Ondulation AFP/ Umformen | 4,186 |

Tabelle 3-9: Ranking der Wechselwirkungen

Dieses Ranking der Wechselwirkungen wird deutlich von der Wechselwirkung „Poren Infusion/ Autoklav" angeführt. Damit fällt die Auswahl auf die näher zu untersuchenden Wechselwirkung eindeutig aus und erfolgt im nächsten Kapitel.

# 4 Theoretische Analyse der Wechselwirkung Infusion/ Autoklav mit dem Qualitätskriterium Poren

Die Bewertung der erarbeiteten Wechselwirkungen im vorangegangenen Kapitel ergab, dass die Wechselwirkung Infusion/ Autoklav mit dem Qualitätskriterium Poren als die Wechselwirkung mit dem stärksten Einfluss bezogen auf die Bauteilqualität angesehen wird. Damit dieser Einfluss besser nachvollzogen werden kann, bedarf es einer genaueren Betrachtung des Qualitätskriteriums Poren hinsichtlich seiner Entstehungsursache, seiner Erscheinungsform sowie einer möglichen Entwicklung infolge der Fertigungsprozesse mit der Zielsetzung der Vermeidung von Poren durch eine dementsprechende Prozessführung. Aus diesem Grund werden hier nach einer kurzen Einführung des Qualitätskriteriums Poren bezüglich von CFK-Bauteilen die Einflüsse des Infusionsprozesses und die Einflüsse durch die Aushärtung im Autoklaven auf Poren stärker untersucht.

## 4.1 Poren in CFK-Bauteilen

Hinsichtlich des hier zu betrachtenden Qualitätskriteriums Poren ist eine frühstmögliche Erkennung von sich bildenden Poren sowie der Kategorisierung deren Lage und Morphologie von entscheidender Bedeutung und verhilft zu einer besseren Bewertung bezüglich der angestrebten Qualität des zu fertigenden Faserverbundbauteils. Dies wiederum erfordert ein Verständnis der physikalisch, thermisch und chemisch stattfindenden Mechanismen bei der Entstehung von Poren [GEH11]. Damit die Ursachen der Entstehung von Poren gefunden werden können bedarf es eines Blickes auf die Fertigungsprozesse aus denen Poren hervorgehen können. Zu diesen Fertigungsprozessen zählen wie in Kapitel 3 erarbeitet der AFP-, der Infusins- und der Aushärteprozess. Während beim AFP-Prozess das Klebeverhalten, der Lagenaufbau und die Lagendicke fertigungstechnische Aspekte der Porenentstehung darstellen, kann die Entstehung dieses Defektes im Bauteil auch infolge der Lagerung der Prepregs bei Temperaturen von ca. -18 °C stattfinden. Die Lagerung erfolgt aus dem Grund bei so tiefen Temperaturen, damit eine vorzeitige Reaktion des reaktiven Harzes mit den Verstärkungsfasern unterdrückt wird. So ist es möglich, dass Luftfeuchtigkeit in die Matrix diffundiert und dann einen Einfluss auf den Aushärtevorgang ausübt. Ebenso können noch im Harz verbliebene Lösungsmittelbestandteile infolge der Prepregherstellung zur Porenbildung während der Aushärtung beitragen

[PAR10]. Während des Infusionsprozesses können Poren infolge eingeschlossener Luft entstehen, was neben dem Fertigungsprozess selber auch auf die Vorbereitung der textilen Strukturen vor Infusionsbeginn zurückzuführen ist. Die Möglichkeit der Porenentstehung im Aushärteprozessprozess selbst ist dann abhängig vom Matrixsystem, dem Vakuumaufbau und dem damit verbundenem Einsatz der Hilfsmaterialien. Zusätzlich spielen die Temperatur, der Autoklavdruck und ein möglicher Wassergehalt im Harz sowie eine angepasste Prozessstufenwahl entscheidende Rollen bei der Porenbildung [GEH11, STE11].

Die Porosität φ eines Faserverbundbauteils ist allgemein als der Porenvolumengehalt über dem Materialvolumen definiert und kann wie folgt ausgedrückt werden [MAY11]:

$$\varphi = \frac{V_P}{V_F + V_M + V_P} \qquad (4.1)$$

Mit $V_P$=Porenvolumengehalt; $V_F$=Faservolumengehalt; $V_M$=Matrixvolumengehalt

Dabei ist eine Porosität von φ=2% der maximal zugelassene Wert, da es bereits ab einer Porosität von φ=1% zu einer Verschlechterung der mechanischen Eigenschaften des fertigen Faserverbundbauteils kommt. Daher lautet die Forderung für Hochleistungskomponenten in der Luftfahrt, dass die Porosität höchstens φ=1% betragen darf mit der Zielsetzung diesen Wert so weit unten wie möglich zu halten [GEH11, SUD08]. Die vorhandenen Poren haben abhängig von ihrer Größe einen Einfluss auf die mechanischen Eigenschaften wie der Festigkeit und der Steifigkeit, da um die Poren herum eine Faserumlenkung stattfindet. Diese hat Spannungskonzentrationen zur Folge, welche zu einer Abnahme der mechanischen Eigenschaftswerte hat, da zudem innerhalb der Poren kein tragendes Material zur Lastübertragung vorhanden ist [KRE11]. Die Einflussgrößen des Porengehaltes müssen daher bei der Auslegung von Bauteilsicherheiten von Faserverbundbauteilen gut einschätzbar sein, damit diese Sicherheiten der anstehenden Belastungen standhalten können [GEH11].

Zum besseren Verständnis der bedeutenden Rolle von Poren innerhalb von CFK-Bauteilen erfolgt auch in Bezug auf die Wichtigkeit der Wechselwirkung Infusion/ Autoklav innerhalb der Prozesskette eine Analyse der Porosität infolge der beiden Fertigungsprozesse Infusion und Aushärtung im Autoklav. Mittels dieser Analyse werden die zu beobachtenden Phänomene und die damit verbundenen Mechanismen beschrieben.

## 4.2 Einfluss des Infusionsprozesses auf Poren

Bei der Infusion und allgemein bei den LCM-Verfahren steht die vollständige Durchtränkung der textilen Strukturen im Vordergrund. Somit sollen alle Räume zwischen den einzelnen Textillagen, sowie auch zwischen den Rovings bzw. Fäden aber auch innerhalb der Fäden selbst mit Harz gefüllt werden [KUE06]. Dabei kann es zu Lufteinschlüssen im Bauteil infolge voreilender Harzfronten kommen, die wiederum gewissen Abhängigkeiten ausgesetzt sind. Als Abhängigkeiten können

- Die Harzgeschwindigkeit
- Der Prozessdruck
- die Faden- und Preformstruktur bzw. der Faservolumengehalt und
- die Fadenanordnung bezogen auf die Harzfließfront

genannt werden, auf die im Folgenden näher eingegangen wird.

Beim Vorbereiten der Preforms für den Durchtränkungsprozess kann es zu Veränderungen in seiner Struktur kommen, so dass die Winkel zwischen den Fäden einer Veränderung während des Auflegens auf das Werkzeug unterliegen könnten. Zudem bewirkt der Vakuumabzug oder das Schließen des Formwerkzeugs eine gewisse Abnahme der Bauteildicke. Sollte die Preform nicht so aufgelegt werden, dass sie der durch das Formwerkzeug vorgegebenen Oberfläche folgt, kann es zudem zur Bildung von Leerstellen entlang scharfer Kanten der Prefom kommen. Diese Veränderungen der Struktur können abhängig von der Festigkeit der Preform zu Veränderungen der Winkel zwischen den Kett- und Schussfäden, aber auch zu einem Verrutschen der Fäden und der damit einhergehenden Entstehung von Leerräumen zwischen den Fäden führen. Die dadurch entstehenden Veränderungen würden letztendlich den Harzfrontverlauf stark beeinflussen [GOU06, KRU98]. Dies wiederum kann dann einen ungleichmäßigen Harzfluss mit der Möglichkeit des Lufteinschlusses zur Folge haben, wodurch sich zwei Arten von Poren hinsichtlich ihrer Größe bilden können. Das sind zum einen Makroporen zwischen den Fäden und Mikroporen innerhalb der Fäden und somit zwischen den einzelnen Faserfilamenten [PAR10]. Aus Abbildung 4-1 geht hervor, dass ein Größenunterschied zwischen beiden Porenarten vorliegt.

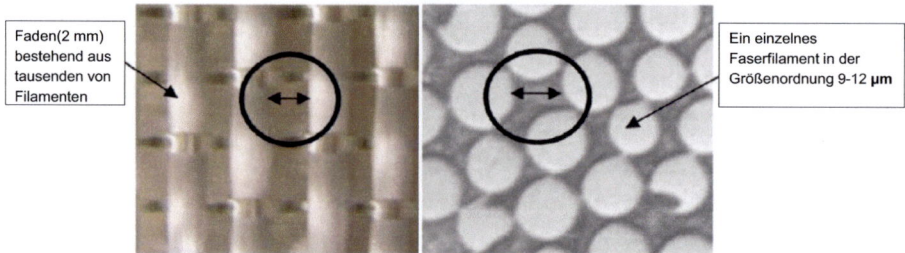

Abbildung 4-1: Größenordnung von Poren [KUE06]

Bei einer hohen Fließrate kann es zur Entstehung von Mikroporen kommen, während eine geringe Fließrate die Entstehung von Makroporen zur Folge haben kann. Während in der Mikropore Kapillareffekte an der Zwischenschicht der Pore zum umgebenden Harz dominant sind, sind es bei der Makropore viskose Strömungseffekte. Diese zwei Effekte konkurrieren in Abhängigkeit der vorhandenen Fließrate. Einer voranschreitenden Flüssigkeitsfront folgt ein Fließbereich, der jedoch eine geringere Geschwindigkeit aufweist im Vergleich zur Fließfront aufweist. Mögliche Poren in Form von eingeschlossener Luft oder aber auch anderen Gasen bzw. flüchtigen Bestandteilen im Harz bewegen sich dann mit der Fließfront mit oder lösen sich als Moleküle im Harz [GOU06, PAR10, STA08].

Das Vorhandensein von Poren kann entweder quantitativ nur durch Angabe der Porosität oder aber auch qualitativ durch die Angabe von Größe, Form und Ort der Poren beschrieben werden. Bisher vorgenommene experimentelle Untersuchungen haben gezeigt, dass es möglich ist die Porenbildung an der Harzfront mittels einer dimensionslosen Zahl zu beschreiben. Diese Zahl gibt das Verhältnis der viskosen Stärke zur Oberflächenspannung an und wird als Kapillarzahl bezeichnet mit der folgenden Definition [PAR10, KRU98]:

$$Ca^* = \frac{\mu \bar{u}}{\eta cos\theta} \qquad (4.2)$$

Darin repräsentieren η die Harzviskosität in Pa*s, $\bar{u}$ die globale Harzgeschwindigkeit in m/s, µ die Oberflächenspannung des Harzes in N/m und θ den Kontaktwinkel zwischen der Harzfront und der Faseranordnung. Eine hohe Fließrate bedingt eine hohe Harzgeschwindigkeit was zu einer dementsprechend höheren Kapillarzahl führt und sich in einer Bildung von Mikroporen äußert. Bei einer geringen Harzgeschwindigkeit und somit auch einer geringeren Kapillarzahl wird die Bildung von Makroporen begünstigt. Der Porengehalt kann daher wie in Abbildung 4-2 gezeigt über die Kapillarzahl aufgetragen werden, wodurch die zuvor genannten Zusammenhänge ersichtlich werden [PAR10].

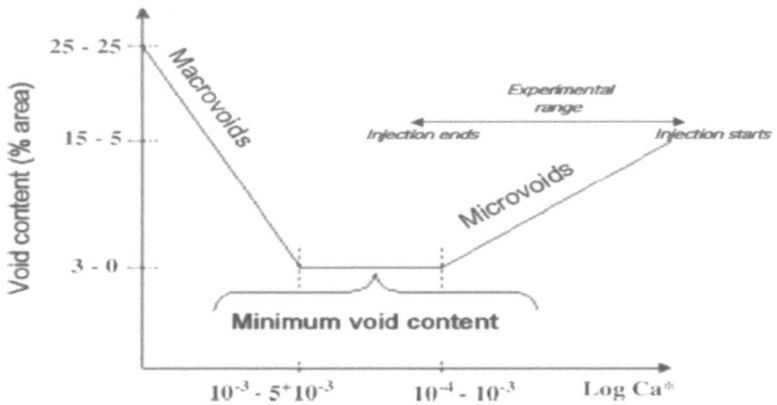

Abbildung 4-2: Porengehalt über Kapillarzahl [GOU06]

Dabei gibt es eine optimale Kapillarzahl, bei der der Porengehalt minimal ist. Das bedeutet, dass die Porenbildung durch eine Optimierung der Harzgeschwindigkeit an der Fließfront unterdrückt werden kann. Zur genauen Beschreibung der Porosität müssen daher verschiedene Merkmale berücksichtigt werden, zu denen

- die Porenbildung
- der Porendruck
- der Porentransport und
- die Fasersättigung

zählen.

Während die Porenbildung bei den Injektionsverfahren abhängig von der Konstanz des aufgebrachten Druckes ist, finden Infusionen meist bei einem Umgebungsdruck von 1 bar statt sodass dort der Vakuumdruck der über die Porosität mitbestimmende Faktor ist. Über den Vakuumdruck wird die Geschwindigkeit der Harzfließfront mitbestimmt [PAR10, JOU02]. Die Harzgeschwindigkeit ihrerseits und somit auch die Geschwindigkeit der Fließfront hängen von der Harzviskosität ab, die wiederum ihre

Abhängigkeit in der Betriebstemperatur hat. Mit steigender Betriebstemperatur des Harzes nimmt dessen Viskosität ab. Eine Abnahme der Harzviskosität ermöglicht eine Steigerung der Harzgeschwindigkeit. Dabei entscheidet die angepasste Kombination aus Harzviskosität und anliegendem Druckgradienten über die Höhe der Harzgeschwindigkeit, da neben dem Vakuumdruck auch eine Änderung des Infusionsdruckes möglich ist. Mittels einer geringen Harzgeschwindigkeit und einem geringen Vakuumdruck können zum Beispiel Poren innerhalb der Fäden vermieden werden. Der Druck muss dabei bis zur vollständigen Durchtränkung konstant gehalten werden, damit die Mikroporen aus den Fäden, die sich im umgebenden Harz lösen, ohne sich durch eine Druckabsetzung zurückzubilden komplett aus dem Bauteil ausgewaschen werden können. Da der lokale Harzdruck mit der Entfernung von der Harzfließfront steigt, sind die meisten Poren meist naher der Fließfront bzw. am Auslass zu finden [GEO11]. In Abbildung 4-3 ist der Zusammenhang zwischen der Geschwindigkeit der Harzfließfront und der Temperatur des Harzes gezeigt, so es in Abhängigkeit der Parameter dieser beiden Prozessgrößen zu einer unterschiedlichen Ausbildung der Bauteilqualität kommen kann. Innerhalb eines bestimmten Bereiches der Harztemperatur (acceptable range) und der Geschwindigkeit der Harzfließfront (*) besitzt das Bauteil eine gute bis sehr gute Bauteilqualität. Außerhalb dieser Bereiche ist das Bauteil unbrauchbar und kann als Ausschuss gewertet werden.

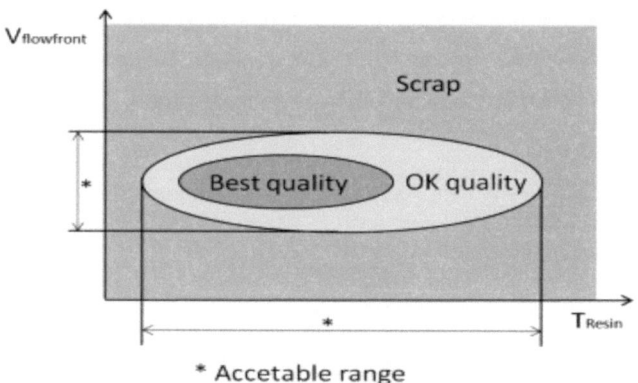

Abbildung 4-3: Einfluss von Harzfrontgeschwindigkeit und Harzviskosität auf das Faserverbundbauteil [HIN12]

Es ist möglich die Harzgeschwindigkeit bei Kenntnis der anderen beteiligten Prozessgrößen zu ermitteln Dabei ist die Harzgeschwindigkeit proportional zum Quadrat der gesamten Fließfrontlänge und nimmt daher mit einer Steigerung der Fließfrontlänge stark ab [Geo´11]. Mittels Darcy´s Gesetz und der ungesättigten Permeabilität des Preforms kann die Harzgeschwindigkeit $u_M$ wie folgt bestimmt werden [ERM07]:

$$u_M = \frac{dx_f}{dt} = -\frac{K_{ungesättigt}}{\phi\eta}\frac{dp}{dx} = \frac{K}{\phi\eta}\frac{(p_{ein}-p_f)}{dx} \qquad (4.3)$$

Für die Ermittlung des Wertes der ungesättigten Permeabilität des Preforms können anhand gewonnener Messdaten von globalen Fließfrontpositionen mit der Zeit Regressionsanalysen durchgeführt werden. Bei den angegebenen Drücken sind $p_{ein}$ der Eingangsdruck und $p_f$ der vorherrschende Druck an der Fließfront. Die Variable $\phi$ beschreibt die vorhandene Porosität der trockenen Struktur und kann durch die Beziehung zum Faservolumenanteil $\delta$ berechnet werden [ERM07]:

$$\phi = 1 - \delta \qquad (4.4)$$

Dieser Faservolumenanteil wiederum kann aus dem Aufbau der textilen Struktur bestimmt werden, so dass gilt [ERM07]:

$$\delta = \frac{A_w N}{\rho s} \qquad (4.5)$$

mit $A_w$ dem Gewicht einer Lage der Verstärkungsstruktur pro m²; N der Anzahl der Lagen, $\rho$ der Dichte des verwendeten Fasermaterials und s der Dicke des Lagenaufbaus bzw. der Dicke der Kavität.

Gleichung (4.3) kann durch Umstellung und Integration zur Bestimmung der Fließfrontposition $x_f$ des Harzes angewandt werden. Daraus folgt für $x_f$:

$$x_f(t) = \sqrt{\frac{2K}{\phi\eta}\left(p_{ein} - p_f\right)t} \qquad (4.6)$$

Die Harzgeschwindigkeit für eine unidirektionale Harzzufuhr kann auch mittels der Fließrate Q ausgedrückt werden, unter der Annahme sie ist konstant. So lautet der Ausdruck für die Geschwindigkeit wie folgt [ERM07]:

$$u_M = \frac{dx_f}{dt} = \frac{Q}{\phi A} \qquad (4.7)$$

A steht für die Querschnittsfläche der Form. Durch Umstellung der Gleichung (4.7) und anschließender Integration folgt:

$$x_f(t) = \frac{Q}{\phi A} t \qquad (4.8)$$

Die Gleichung (4.6) kann nun nach $p_f$ umgestellt werden:

$$p_f(x,t) = p_{ein}(t) - \frac{\eta \phi}{2Kt} x_f{}^2 \qquad (4.9)$$

Einsetzten von Gleichung (4.8) für $x_f(t)$ liefert den endgültigen Ausdruck zur Bestimmung der Fließfrontposition in Abhängigkeit von der Zeit:

$$p_f(t) = p_{ein}(t) - \frac{\eta Q^2}{2\phi A^2 K} t \qquad (4.10)$$

Es kann festgehalten werden, dass durch die Harzgeschwindigkeit die Porenbildung charakterisiert bzw. bestimmt wird.

Der Prozessdruck dagegen ist sowohl über den Porendruck als auch über den Porentransport mitbestimmend. Bei einem konstanten Injektionsdruck findet die Porenbildung innerhalb der Fäden an der Harzfront nahe der Einspritzanschlüsse statt, da die fortschreitende Fließfrontgeschwindigkeit an dieser Stelle am größten ist. Bei nicht konstantem Injektionsruck kommt es zur Porenbildung zwischen den Fäden. Die sich gebildeten Poren können mit der Zeit ihre Größe und Position ändern und nur durch eine Zunahme des Druckes im die Pore umgebenden Harz ist es möglich diese Poren zusammenzudrücken um sie zu beseitigen. Um zu einer Abschätzung des Porengehaltes infolge experimenteller Untersuchungen zu gelangen, kann der Entlüftungsdruck variiert werden während die Druckdifferenz zwischen Injektions- und Entlüftungsdruck konstant gehalten wird. Somit ist es möglich eine Erkenntnis dahingehend zu gewinnen, dass neben der Harzgeschwindigkeit auch der Entlüftungs- bzw. Vakuumdruck einen entscheidenden Einfluss auf den Porengehalt hat [STA08, PAR10]. Bei der Entstehung und dem Versuch einer Komprimierung entstandener Mikroporen innerhalb der Fäden sind die Kapillareffekte mit zu berücksichtigen. Das in die Fäden eindringende Harz umgibt die Mikropore und verringert dessen Größe, wodurch sich der Druck in der Mikropore bei gleichbleibender Masse erhöht und einen Fließwiderstand zur Sättigung der Fäden darstellt. Die Höhe dieses Druckes ist entscheidend für den Fortbestand der Mikropore. Eine Komprimierung der Pore kann nur dann erreicht werden, wenn der Druck in der Pore kleiner ist als die Summe des Harzdruckes außerhalb der Pore und dem Kapillardruck. Ist das Nicht der Fall so kann eine Bewegung der Mikroporen mit einer Geschwindigkeit stattfinden, die der Geschwindigkeit des Harzflusses innerhalb der Fäden entspricht. Da die Fließrate innerhalb der Fäden geringer ist als zwischen den Fäden hat das zur Folge, dass auch die Mikroporen eine geringere Geschwindigkeit im Vergleich zu Makroporen haben.

Zur Beschreibung der Harzgeschwindigkeit $u_{M,T}$ im Faden muss der Kapillardruck infolge von Oberflächenspannungseffekten mit berücksichtigt werden, da er einen Einfluss auf den Harzfluss ausübt. Bei Annahme eines gleichen Harzdruckgradienten sowohl um die Mikro- als auch um die Makropore herum, kann diese Harzgeschwindigkeit folgendermaßen bestimmt werden [PAR10]:

$$u_{M,T} = \frac{dl_T}{dt} = -\frac{1}{1-V_{F,T}} \frac{K_T}{\mu} \left( \frac{\partial p}{\partial n} - \frac{p_{Kapillar}}{l_T} \right) \qquad (4.11)$$

$K_T$ beschreibt die Permeabilität des Fadens. Der Kapillardruck $p_{Kapillar}$ kann unter Berücksichtigung der Oberflächenspannung und des Kontaktwinkels sowie des Faserdurchmessers $D_F$ wie folgt ermittelt werden [PAR10]:

$$p_{Kapillar} = \left( \frac{F}{D_F} \right) \frac{V_{F,T}}{1-V_{F,T}} \gamma cos \, \theta \qquad (4.12)$$

Hierbei wird mit F ein Formfaktor eingesetzt, der für Fasern quer zum Harzfluss liegend den Wert 2 annimmt und für Faser in Richtung des Harzflusses den Wert 4 hat. Bisher durchgeführte experimentelle Untersuchungen hinsichtlich der Harzgeschwindigkeit innerhalb der Fäden haben ergeben, dass es eine kritische Harzgeschwindigkeit gibt, so dass diese bei einer geringeren bzw. höheren Harzgeschwindigkeit zwei unterschiedliche Auswirkungen auf die Geschwindigkeit der Mikropore hat (Abbildung 4-4). Unterhalb dieser kritischen Harzgeschwindigkeit findet kaum eine oder nur eine langsame Bewegung der Pore statt. Oberhalb der kritischen Harzgeschwindigkeit ist die Bewegungsgeschwindigkeit der Mikroporen größer als die des Harzes. In diesem Fall wandern die Mikroporen aus den Fäden aus und schließen sich den schon vorhandenen Poren im Bereich zwischen den Fäden an [PAR10].

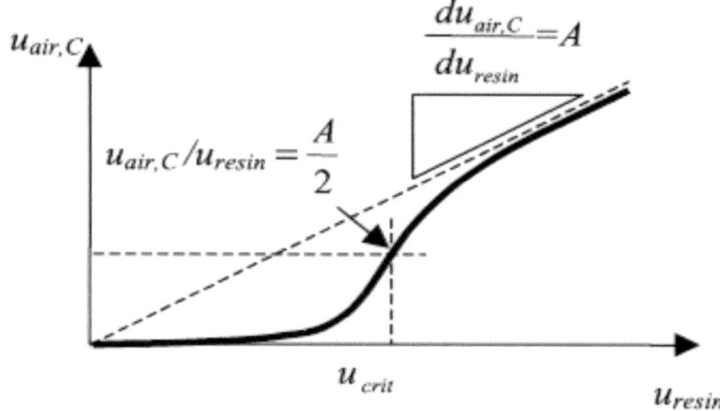

Abbildung 4-4: Geschwindigkeit von Mikroporen in Abhängigkeit der Harzgeschwindigkeit [PAR10]

Der Einfluss des Entlüftungsdruckes hat anhand durchgeführter experimenteller Versuche die zuvor getätigte Annahme bestätigt, dass der Porengehalt insgesamt abnimmt wenn ein geringerer Entlüftungsdruck unter Beibehaltung der Druckdifferenz anliegt. Eine Reduzierung des Entlüftungsdruckes beim Anlegen eines Vakuumdruckes wie es bei den Infusionsverfahren der Fall ist reduziert den Anfangsluftdruck und begünstigt damit die Porenkomprimierung vor allem innerhalb der Fäden und sorgt somit für eine bessere Sättigung der Fäden mit Harz. Wie Abbildung 4-5 deutlich zeigt, ist durch die Druckabnahme des Entlüftungsdruckes von 1,0 bar auf 0,1 bar bei einer Druckdifferenz von 1,7 bar eine starke Reduzierung des Porengehaltes erreichbar. Es sind zum einen der Gesamtporengehalt (Total), der Porengehalt zwischen den Fäden (Channel) und der Porengehalt innerhalb der Fäden über die Fließlänge X angegeben. Dabei wird der Porengehalt innerhalb der Fäden in ihren Anteilen in den Kettfäden (Warp) und den Schussfäden (Weft) dargestellt [PAR10].

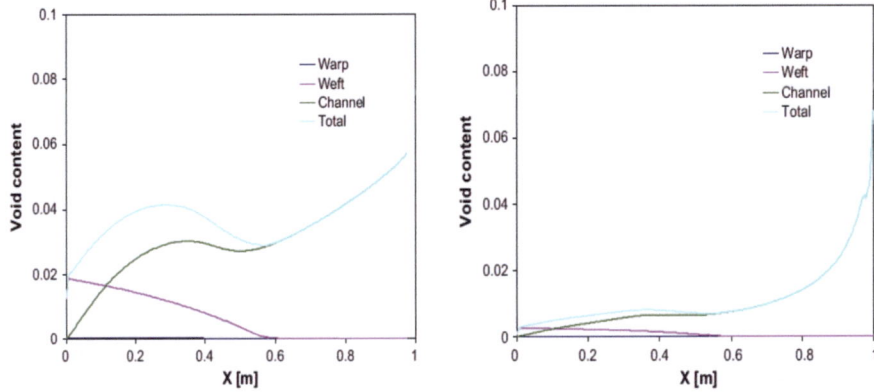

Abbildung 4-5: Porengehalt bei einem hohen Entlüftungsdruck von 1,0 bar (links) und bei einem niedrigen Entlüftungsdruck von 0,1 bar (rechts) [PAR10]

Aus diesem Grund ist es eine gängige Vorgehensweise bei einer Infusion die Durchtränkung der textilen Strukturen bei vollem Vakuum durchzuführen, um anschließend das Vakuum auf den halben Wert herabzusetzen bei einer Beibehaltung der Druckdifferenz und somit der Anpassung von Ein- und Auslassdruck [GEO11]. Hier zeigt sich, dass eine angepasste Einstellung des Vakuumdruckes und des Druckgradienten insgesamt entscheidend für die Ausbildung der Poren im Harz sowie deren Transport aus den Fäden und auch aus dem Bauteil entscheidend ist.

Einen weiteren Einfluss auf die Porenbildung hat auch die Permeabilität der textilen Faserstruktur und damit verbunden der damit einhergehende Faservolumengehalt des Preforms. Die Permeabilität beschreibt inwieweit ein Fluid eine textile Faserstruktur durchströmen kann. Sie ist von mehreren Faktoren abhängig. Dazu zählen [Erm´07]:

- die Art und Konstruktion der Textilien
- der Faserwerkstoff
- der Lagenaufbau
- die Oberflächenspannung
- die Matrixviskosität
- die Porosität und
- der Kontaktwinkel Faseranordnung/ Harzfließfront

Zur Ermittlung der Permeabilität kann auf zwei Weisen vorgegangen werden. Zum einen kann die Gesamtpermeabilität eines Preforms als die Summe der Permeabilitäten der einzelnen Lagen der textilen Struktur berechnet werden. Es ist auch möglich eine genauere Betrachtung vorzunehmen, indem die Permeabilitäten der jeweiligen Kett- und Schussfäden bestimmt werden. Die Berechnung der Gesamtpermeabilität $\overline{K}_{ij}$ kann dann nach [KRU98] wie folgt berechnet werden:

$$\overline{K}_{ij} = \frac{1}{h} \sum_{k=1}^{n} h_k K_{ij,K} \qquad (4.13)$$

Durch h wird die Dicke des Preforms beschrieben. Die Indizes beschreiben jeweils die Dicke bzw. die Permeabilität der Preforms der jeweiligen Lage. Mit n ist die Anzahl der verwendeten Lagen beschrieben. Im Vergleich zum RTM-Verfahren ist die Dicke h bei der Infusion nicht konstant, weil dort der Druckgradient zwischen dem Harzdruck und dem Kompaktierungsdruck auf den Fasern von der flexiblen Vakuumfolie ausgeglichen wird was zu minimalen Abweichungen in der Dicke führen kann [GEO11]. Zur Beschreibung der Permeabilitäten in Faser- und Querrichtung wird der Faservolumenanteil $V_{F,T}$ in den Fäden herangezogen. Der Radius der einzelnen Fasern in den Fäden ist mit $r_F$ angegeben. So ergibt sich die Berechnung wie folgt [STA08]:

- Fadenpermeabilität in Faserrichtung: $K_{\parallel} = \frac{8}{71} (\frac{r_F}{V_{F,T}})^2 (1 - V_{F,T}^{\ 3})$      (4.14)

- Fadenpermeabilität in Querrichtung: $K_{\perp} = \frac{16}{9V_{F,T}} \sqrt{\frac{3}{2}} r_F^{\ 2} (\sqrt{\frac{V_{F,T,max}}{V_{F,T}}} - 1)^{\frac{5}{2}}$    (4.15)

$$\text{dabei gilt für } V_{F,Tmax}: \qquad V_{F,T,max} = \frac{V_{F,T}}{2\sqrt{3}} \qquad (4.16)$$

Dabei wird die Durchtränkung der trockenen Textilien von der Fadenpermeabilität in Querrichtung dominiert, da diese die größte Zeit zur Sättigung mit Harz benötigt [GEO11]. Grund dafür ist, dass aufgrund der Struktur der Lagen und deren Permeabilität der Preform keine Homogenität aufweist [KRU98]. Auch dem Faservolumengehalt der textilen Lagen kommt hier eine entscheidende Rolle zu, da mit steigendem Faservolumengehalt der Anteil der Zwischenräume aufgrund der Packungsdichte abnimmt und die Permeabilität dadurch auch kleiner wird. Infolge von durchgeführten experimentellen Untersuchungen konnte dieser Zusammenhang bestätigt werden und ein solches Ergebnis ist in Abbildung 4-6 dargestellt.

Somit bestimmen die Permeabilität und der Faservolumengehalt das Merkmal Fadensättigung.

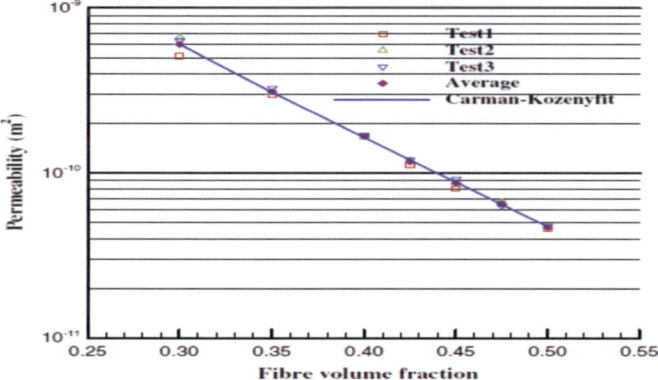

Abbildung 4-6: Abhängigkeit der Permeabilität vom Faservolumengehalt [GOV06]

Damit eine Angabe möglich ist ob es sich bei der Porenbildung um Makro- oder Mikroporen handelt, kann der Zeitintervall des Harzes zur Durchquerung einer einzelnen Fadenlänge für Bereiche sowohl innerhalb der Fäden auch zwischen den Fäden berechnet werden. Die zur Durchquerung bestimmte Fadenlänge ist dann mit $l_C$ für Bereiche zwischen den Fäden und mit $l_T$ für Bereiche innerhalb der Fäden folgendermaßen definiert [PAR10]:

$$l_C = \int_0^{\Delta t_C} u_M \, dt \qquad (4.17)$$

$$l_T = \int_0^{\Delta t_T} u_M \, dt \qquad (4.18)$$

Wenn das Zeitintervall $\Delta t_T$ innerhalb der Fäden größer ist als das Zeitintervall $\Delta t_C$ zwischen den Fäden, so werden aufgrund der vorhandenen hohen Harzgeschwindigkeit Mikroporen gebildet. Andernfalls erfolgt die Bildung von Makroporen.

Aufgrund des unterschiedlichen Aufbaus von textilen Faserhalbzeugen kann auch die Fadenanordnung zueinander indirekt Einfluss auf die Porenbildung haben. So kann infolge der Orientierung der Fäden zum Harzfluss ein Fließwiderstand aufgebaut werden. Dieser Widerstand kann dann darüber entscheiden ob es zu einer Entstehung von Makro- oder von Mikroporen kommt. Ein passendes Beispiel dafür ist ein multidirektionaler Lagenaufbau. So hat eine Untersuchung diesbezüglich ergeben dass bei den Fäden in direktionaler bzw. 0 °-Richtung der Porengehalt aufgrund eines schnelleren Flüssigkeitstransports innerhalb der Fäden größer ist als zwischen den Fäden. Das hat seine Begründung in einem geringeren Widerstand des Transportes der Poren. Bei einer Fadenanordnung von 45° ist der Porengehalt zwischen den Fäden und innerhalb der Fäden ungefähr gleich. Eine senkrechte Anordnung der Fäden von 90° stellt einen sehr hohen Widerstand des Porentransports dar, was zu einem sehr langsamen Harzfluss führt. Daher ist der Porengehalt in dem Fall zwischen den Fäden größer als innerhalb der Fäden. Eine weitere Erkenntnis dieser Untersuchung war, dass der Porengehalt wie in Abbildung 4-7 zu sehen in den Schussfäden größer ist als in den Kettfäden [PAR10, STA08].

Über eine Berechnung der ungesättigten Anteile der Kett- und Schussfäden kann der Luftvolumengehalt des Gewebes in den einzelnen Fäden sowie auch zwischen den Fäden ermittelt werden. Dadurch ist es möglich das Verhältnis des Flüssigkeitsgehaltes zum Porenvolumengehalt im betrachteten Kontrollvolumen zu berechnet. Dieses Verhältnis wird als der Sättigungsgrad $S$ bezeichnet und ist nach [PAR10] folgendermaßen definiert:

$$S = \frac{V_l}{1-V_F} \frac{1-V_F-(V_{a,C}+V_{a,KF}+V_{a,SF})}{1-V_F} \qquad (4.19)$$

Hier sind $V_{a,C}$ der Luftvolumengehalt im Bereich zwischen den Fäden, $V_{a,KF}$ der Luftvolumengehalt in den Kettfäden und $V_{a,SF}$ der Luftvolumengehalt in den Schussfäden. Mit $V_l$ wird das Volumen des Flüssigkeitsgehaltes bezeichnet. Zur Interpretierung der Formfüllung unter Berücksichtigung des Porengehaltes stellt der Sättigungsgrad einen repräsentativen Parameter dar.

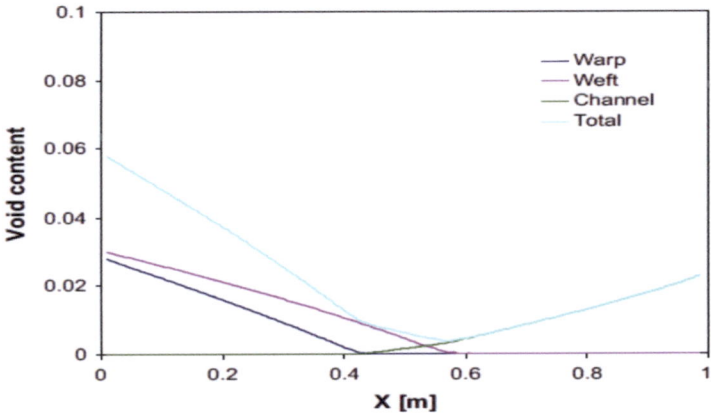

Abbildung 4-7: Anteil des Porengehaltes in Kett- und Schussfäden [PAR10]

Aus der hier vorgenommenen Analyse des Infusionsprozesses hinsichtlich des Qualitätskriteriums Poren zeigt sich, dass es mehrere Einflüsse gibt die zur Porenbildung
beitragen können. Dabei handelt es sich um

- Die Harzgeschwindigkeit
- Den Prozessdruck
- Die Faden- und Preformstruktur bzw. dem Faservolumengehalt und
- Die Fadenorientierung bezogen auf die Harzfließfront

Anhand dieser Einflüsse kann die Porenentstehung sowie der Transport von Poren
beschrieben werden und die Tatsache ob Poren im Bauteil verbleiben oder aus dem
Bauteil gespült werden können. Das Ergebnis der Berücksichtigung dieser Einflüsse
bei der Auslegung des Infusionsprozesses solltet zum Ziel jeder Infusion führen, welches eine vollständige Sättigung der Preforms mit möglichst wenig Poren ist.

## 4.3 Einfluss des Autoklaven auf Poren

Nachdem die Infusion mit der vollständigen Durchtränkung der Preforms abge-
schlossen ist, muss das Bauteil im nachfolgenden Prozess im Autoklaven ausgehärtet werden. Daher gilt es auch hier die ablaufenden Mechanismen für die Möglichkeit
der Porenentstehung oder Porenentwicklung zu ermitteln und diese auch zu verste-
hen, damit die Einflüsse auf den Fertigungsprozess gering gehalten werden können.

Die Aushärtung erfolgt durch Einwirkung von Temperatur und Druck. Während die Temperatur der Aktivierung und Kontrolle der chemischen Reaktion der Matrix dient, ist der Druck für die Kompaktierung der einzelnen Lagen verantwortlich. Dieser Druck ermöglicht somit zum einen die Verdrängung überschüssigen Harzes aus dem Bauteil und zum anderen die Verringerung des Anteils an Gaseinschlüssen zwischen den Lagen und in der Matrix. Hinsichtlich der Temperatur spielen zudem die Aufheizrate, eine homogene Temperaturverteilung und die Abkühlgeschwindigkeit eine wichtige Rolle zur Vermeidung zusätzlicher und Beseitigung vorhandener Poren. Bezüglich des Prozessdruckes sind der Umgebungsdruck im Autoklaven, der angelegte Vakuumdruck und der Druck im Bleeder mitentscheidende Faktoren für den Porengehalt [GEH11, TOS13]. Dem Vakuum kommt dabei eine wichtige Bedeutung zu, da es zwei Funktionen erfüllt. Neben der Absaugung der während der Aushärtung freiwerdenden flüchtigen Bestandteile kontrolliert es die Dichtigkeit des Vakuumaufbaus, so dass Änderungen des Vakuumdruckes auf undichte Bereiche hindeuten. Jede Undichtigkeit im System kann eine Porenbildung zur Folge haben. Somit kommt dem Vakuumaufbau auch bei der Aushärtung im Autoklaven eine wichtige Rolle zu. Zudem ist auch der Wassergehalt im Harz ein Einflussfaktor auf den Porengehalt während der Aushärtung [ERM07, KRE11, GEH11, STE11]. Die nachfolgend betrachteten Einflüsse auf Poren infolge des Autoklaven sind:

- Temperatur
- Prozessdruck
- Luftfeuchtigkeit bzw. Wassergehalt im Harz
- Vakuumaufbau

Durch das Aufheizen des Autoklaven gelangt die Wärme durch Diffusion in das Bauteil. Eine ungeeignete Prozessführung infolge der vorherrschenden hohen Temperaturen aufgrund der exothermen Reaktion des Harzes kann zu Bauteilschädigungen führen, die Auswirkungen auf mechanischen Eigenschaften haben. Hinsichtlich des Porengehaltes steigt mit höheren Prozesstemperaturen die Wahrscheinlichkeit der Entstehung bzw. Zunahme von Poren [BRÄ11, GEH11, SAN13]. Mittels der Temperatur wird die optimale Harzviskosität eingestellt und der Aushärteprozess eingeleitet, so dass das Harzsystem sich vernetzt und es dadurch zu einer Verfestigung des Faserverbundbauteils kommt. Daher darf die Temperaturverteilung keine hohen Temperaturgefälle aufweisen, da es zu einer ungleichmäßigen Aushärtung führen würde und somit zu unterschiedlich ausgeprägten Bauteileigenschaften über die Bauteilgeometrie hinweg. Dabei erfolgt eine Unterscheidung von Wärmeübertragungsmechanismen zum einen zwischen dem Aufbau und dem Autoklaven und zum anderen im Aufbau selbst. Infolge einer konvektiven Wärmeübertragung von der Autoklavumgebung auf das Bauteil gelangt die Wärme ins Innere des Bauteils, wo dann ein Wärmeaustausch zwischen den Kohlenstofffasern und dem Harz stattfindet. Die stattfindenden Mechanismen sind neben der Konvektion durch Harzfließen, die Wärmeleitung in den Kohlenstofffasern und im Harz sowie der Wärmeaustausch zwischen den Kohlenstofffasern und dem Harz. Durch die exotherme Reaktion kommt es zusätzlich zu einer Wärmeerzeugung [ERM07, GAN12]. Diese Mechanismen können nach [ERM07] folgendermaßen beschrieben werden:

Konvektion durch Fließen des Harzes durch das Fasermaterial mit der Fließgeschwindigkeit $u_M$:

$$\dot{Q}_{konv} = \rho V_M c_P u_M \Delta T_M \qquad (4.20)$$

Wärmeleitung in den Fasern:

$$\dot{Q}_{leit,F} = V_F \Delta k_F \Delta T_F \qquad (4.21)$$

Wärmeleitung im Harz:

$$\dot{Q}_{leit,M} = V_M \Delta k_M \Delta T_M \qquad (4.22)$$

Wärmeaustausch Harz-Faser:

$$\dot{Q}_{aust,H} = V_M h (T_F - T_M) \qquad (4.23)$$

Wärmeaustausch Faser-Harz für $T_M > T_F$:

$$\dot{Q}_{aust,F} = V_M h (T_M - T_F) \qquad (4.24)$$

Wärmeerzeugung durch die Aushärtereaktion:

$$\dot{Q}_{reakt} = V_M \dot{s} \qquad (4.25)$$

Mit $\qquad \qquad \dot{s} = \Delta H \dot{\alpha} \qquad (4.26)$

Hierbei sind $k_F$ bzw. $k_M$ die Wärmeleitungskoeffizenten von Faser bzw. Harz, $c_P$ die spezifische Wärmekapazität, $h$ der Wärmeübertragungskoeffizient und $\Delta T_F$ bzw. $\Delta T_M$ der Temperaturunterschied bezogen auf die Kohlenstofffaser bzw. auf die Matrix.

$\dot{s}$ gibt das beschreibt das Produkt aus der volumenbezogenen Aushärtungsenthalpie und der Aushärterate bzw. dem Aushärtegrad. Der Aushärtegrad hat einen Einfluss auf die mechanischen Eigenschaften des fertigen Faserverbundbauteils abhängig davon wie lange das Bauteil bei der Aushärtetemperatur gehalten wird. Umso länger das der Fall ist, desto stärker sind diese Eigenschaften ausgeprägt. Die Bestimmung des Aushärtegrades kann wie folgt durchgeführt werden [GUO03]:

$$\dot{\alpha} = \frac{d\alpha}{dt} = g(\alpha, T) = K(T)\alpha^m(1 - \alpha)^n \qquad (4.27)$$

Mit
$$K(T) = Ae^{-\frac{E}{RT}} \qquad (4.28)$$

$$m = C_1 e^{(-C_2 T)} \qquad (4.29)$$

$$n = C_3 e^{(-C_4 T)} \qquad (4.30)$$

A stellt einen Vorfaktor dar, während $C_1$, $C_2$, $C_3$ und $C_4$ für experimentell abhängige Konstanten stehen. E ist die Aktivierungsenergie zur Prozessdurchführung und R die universelle Gaskonstante, die bei R=8,314 462 J/mol*K liegt. Der Einfluss der Temperatur auf Poren wird bei der Beschreibung der im Innern des Bauteils ablaufenden Mechanismen deutlich gemacht.

Der Autoklavdruck als die zweite sehr wichtige Prozessgröße während der Aushärtung muss ebenfalls eine gleichmäßige Druckverteilung aufweisen, damit eine gleichmäßige Verdichtung aller Bauteilbereiche erzielt werden kann ohne dass Dickenunterschiede oder ein ungleichmäßiger Faservolumengehalt entstehen. Entscheidend für die sich abspielenden Mechanismen ist der Zeitpunkt der Druckbeaufschlagung, weil abhängig davon entweder eine Komprimierung von Poren oder eine Vergrößerung von Poren stattfinden kann. Abbildung 4-8 zeigt ein allgemeines Schaubild des Autoklavprozesses und dessen Zyklenanordnung hinsichtlich der Verläufe von Temperatur, Autoklavdruck, Vakuumdruck und Viskosität. Es ist deutlich zu erkennen, dass die Viskosität infolge der Temperaturerhöhung stark abnimmt und dann nach Beginn der Vernetzung bis zum Ende der Aushärtung hin wieder steigt [ERM07].

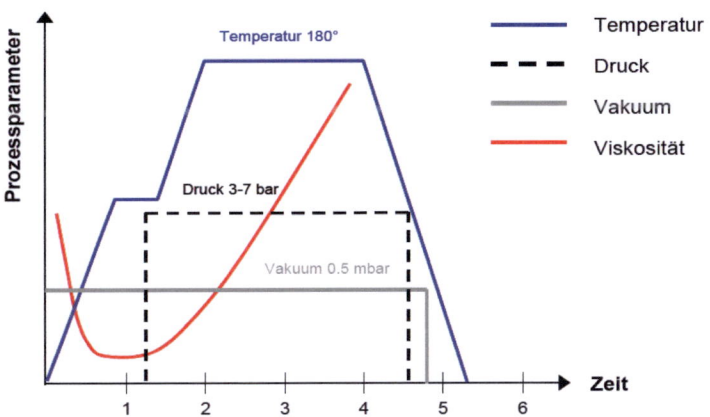

Abbildung 4-8: Allgemeine Zyklen der Prozessgrößen beim Autoklavprozess [ERM07]

Eine Entstehung von Poren bzw. ein Wachstum schon vorhandener Poren findet dann statt, wenn der Druck in den Poren größer ist als der hydrostatische Druck in der Matrix. Dieser hydrostatische Druck ist als die Druckdifferenz zwischen dem Autoklavdruck und dem Vakuumdruck anzusehen und stellt den Prozessdruck dar. Dieser Prozessdruck muss daher vor allem in den Bereichen der Matrix wirken wo die eingeschlossenen Gase zu expandieren versuchen und darf nicht durch Fließprozesse oder mechanisch abgebaut werden. Das Porenwachstum schon vorhandener Poren wird zudem durch den Wassergehalt des Harzes bestimmt, da die Aufnahme von Wasserdampf in das Harz leichter ist als die Aufnahme von eingeschlossener Luft. Da Wasser vom Harz an die Porenoberfläche diffundieren kann, kommt es infolge einer anschließenden Verdampfung zu einer Erhöhung des Porendruckes um den Dampfdruck des Wassers bei der gegebenen Temperatur. Mit steigender Temperatur ist der Dampfdruck des Wassers ausgeprägter, was zu einem höheren Druck in der Pore im Vergleich zum hydrostatischen Druck führen kann. Dadurch können die Pore nicht komprimiert werden, sondern verbleiben im Bauteil oder können sogar noch wachsen. Eine andere Ursache des Porenwachstums ist, dass sich mehrere benachbarte Poren zusammentun können, was zu einer Änderung der Porengröße führt [ERM07, GEH11].

Zur Bestimmung des Druckes in der vorhandenen Pore $p_P$ können bei der Annahme einer kugelförmigen Pore folgende Beziehungen herangezogen werden [ERM07, GUO03, LED10]:

$$p_P - p_h = \frac{\gamma}{m} \qquad (4.31)$$

$$p_P = p_L + x_W p_{W,g} \quad \text{bzw.} \quad p_P = p_L + p_W \qquad (4.32)$$

$$p_P = p_h + \frac{2\gamma}{R_P} \qquad (4.33)$$

Während mit $p_h$ der hydrostatische Druck beschrieben wird, steht $p_L$ für den Anfangsdruck in der vorhandenen Pore und $p_W$ für den Dampfdruck des Wassers in der Pore. Der Dampfdruck von reinem Wasser wird mit $p_{W,g}$ beschrieben und $x_W$ steht für den Wassermolgehalt in der Wasser-Harz-Lösung.

Untersuchungen haben gezeigt, dass der Porendruck mit geringer werdendem Druck im die Pore umgebendem Harz $P_l$ und einem steigendem Porendurchmesser $d_v$ stärker abnimmt, als wenn der Druck im Harz größer wird. In Abbildung 4-9 ist dieser Zusammenhang wiedergegeben [ERM07].

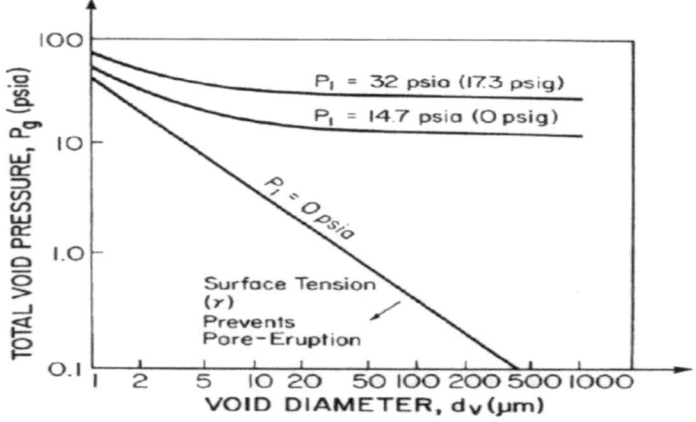

Abbildung 4-9: Porendruck in Abhängigkeit von Porendurchmesser und dem Druck im Harz [ERM07]

Eine Verhinderung des Porenwachstums kann nur dann erzielt werden, wenn der Druck im Harz um die Pore herum durch eine Regulierung zu jedem Zeitpunkt einen gewissen minimalen Druck aufweist. Das bedeutet im Umkehrschluss, dass Poren zur gezielten Untersuchung bestimmter Bauteileigenschaften durch Variation des Prozessdruckes in das Bauteil eingebracht werden können. Bisherige experimentelle Untersuchungen zeigen eine Abnahme des Porengehaltes mit zunehmendem Prozessdruck. Diese Beobachtungen sind in den Abbildungen 4-10 und 4-11 dargestellt. Hier zeigt sich die entscheidende Rolle von Druck und Temperatur und deren abgestimmte Regulierung und Kontrolle zur Vermeidung bzw. Auflösung von Poren [ERM07][GEH11].

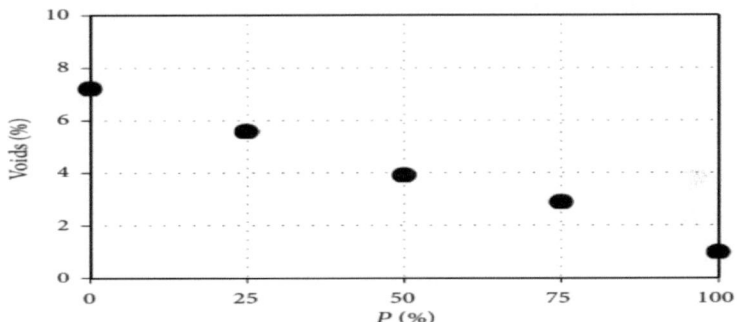

Abbildung 4-10: Porengehalt über den prozentualen Anteil des vollen Umgebungsdruckes beim Aushärten von 7 bar (100%) [TOS13]

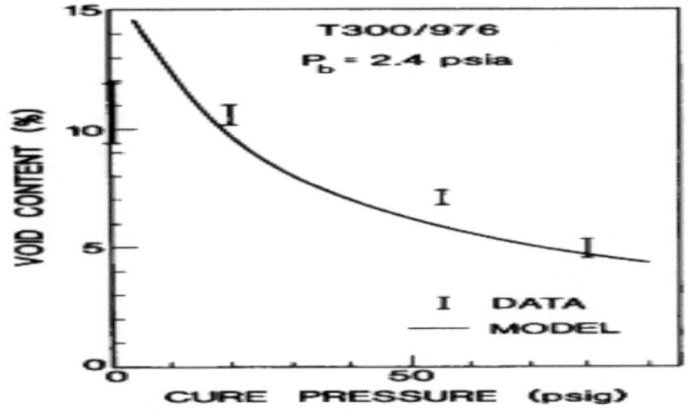

Abbildung 4-11: Porengehalt in Abhängigkeit des Umgebungsdruckes beim Aushärten [TAN87]

In Abbildung 4-11 ist der relative Druck in der Einheit psig (pound-force per square inch gauge) angegeben. 1 psig entsprechen dabei ca. 0,07 bar, so dass die Untersuchung in der Abbildung für Prozessdrücke im Bereich von ca. 0,7 bar (10 psig) bis 6,3 bar (90 psig) erfolgte.

Hinsichtlich des Vakuumaufbaus spielen die eingesetzten Hilfsmaterialien wie zum Beispiel der Bleeder eine entscheidende Rolle bei der Druckverteilung, da die Aufgabe des Bleeders die Aufnahme des aus dem Bauteil fließenden Harzes ist. Beim Bleeder handelt es sich um ein poröses und dünnes Material, welches das aufgenommene Harz abfließen lassen kann. Die Dicke des Bleeders ist auf die Harzaufnahme bezogen entscheidend, da ein zu dünner Bleeder durchtränkt wird bevor das ganze Harz aus dem Aufbau entfernt wird und es so zu harzreichen Zonen im Bauteil kommt. Der vorhandene Druck in der Zwischenschicht von Bleeder und Aufbau hängt von der aus dem Aufbau zum Bleeder abfließenden Harzmenge ab. Ein zu großer Druckabfall in dieser Zwischenschicht hat Variationen in der Harzverteilung, im Faservolumengehalt und somit auch im Porengehalt zur Folge. Daher muss durch eine geeignete Wahl der Bleederdicke abhängig der vorgesehenen Harzzuführmenge für eine effektive Verdrängung des überschüssigen Harzes zum Bleeder hin gesorgt werden um die Möglichkeit der Porenentstehung gering zu halten [GAN12]. Ein zu großer Harzfluss führt dabei zur Abnahme des hydrostatischen Druckes, so dass dieser tatsache Rechnung getragen werden sollte [GEH11]. Bei der Komprimierung kann der Harzfluss abhängig vom Verhältnis der Länge des Bauteils zu seiner Dicke und der Bleederausführung parallel, senkrecht oder parallel und senkrecht erfolgen. Bei einem parallelen Harzfluss findet eine gleichmäßige Verdichtung statt mit einem Druckabfall von der Mitte des Aufbaus bis hin zum Rand. Ein senkrechter Harzfluss bewirkt einen Druckabfall durch die Lagen hinweg, so dass die oberste Lage dem aufgebrachten Autoklavdruck entspricht Eine Berechnung der Anzahl der verdichteten Lagen $n_C$ ist unter der Beachtung einer geometrie- und materialabhängigen Konstante $C$ möglich [TAN87]:

$$n_C = C\sqrt{p_h - p_B} \qquad (4.34)$$

Hierbei ist $p_B$ der Druck im Bleeder.

Die bisher gewonnen Informationen bezüglich der Einflüsse machen eine Beschreibung der Poren und seiner Veränderungen in der Matrix und im Verbund durch die

Berücksichtigung der im Innern des Bauteils sich abspielenden Mechanismen besser nachvollziehbar. Zur Bestätigung dieser vorgenommenen Beschreibungen sind dann wiederum experimentelle Untersuchungen erforderlich, die dann möglicherweise auch neue Erkenntnisse mit sich bringen [KUN12]. So kann eine Verknüpfung der visko-mechanischen Mechanismen mit denen, die durch die Gasdiffusion hervorgerufen werden, zu einem besseren Verständnis der wichtigen Rolle des hydrostatischen Druckes verhelfen. Die Entwicklung des Porenradius kann mittels folgenden Ansatzes beschrieben werden [LED10]:

$$\frac{\dot{R}_P}{R_P} - \frac{p_0 \frac{T}{T_0}(\frac{R_0}{R_P})^3 - p_h}{4\eta(T,\alpha)R_P} + \frac{1}{2}\frac{\gamma}{\eta(T,\alpha)R_P} = 0 \tag{4.35}$$

Mit der Viskosität $\eta$ des Harzes: $\eta(T,\alpha) = \eta_g e^{[-\frac{C_1(T-T_{g0})}{C_2+T-T_{g0}}]}(\frac{\alpha_g}{\alpha_g-\alpha})^a$ (4.36)

Hier sind $R_0$ der Anfangsradius der Pore und $R_P$ der Porenradius zu einem bestimmten Zeitpunkt. $T_0$ steht für die Anfangstemperatur und $T_{g0}$ für die Glasübergangstemperatur des unausgehärteten Harzes. Zudem gehen mit $\eta_g$ die Viskosität des Harzes bei der Gelierung und mit $\alpha_g$ das Vernetzungsverhältnis am Gelpunkt mit in die Berücksichtigung, während $C_1$, $C_2$, und $\alpha$ Modellparameter darstellen. Die vorhandene Pore ist dabei von einem großen Volumen an Harz mit einer gleichmäßig gelösten Gaskonzentration umgeben. Somit kann es infolge der Veränderungen der Prozessparameter Temperatur und Druck zu einer Diffusion an der Zwischenschicht Pore/Harz mit einer einhergehenden zeitabhängigen Veränderung der Gaskonzentration an der Porenwand kommen. Diese Veränderung der Gaskonzentration an der Porenwand $C_{sat}$, hier als gesättigte Gaskonzentration beschrieben, kann durch Berücksichtigung der insgesamt vorhandenen Gaskonzentration im Harz $C_\infty$ und dem Diffusionskoeffizienten $D$ wie folgt beschrieben werden [LED10]:

$$\frac{\partial C}{\partial r}(r = R_P) = \frac{C_\infty - C_{sat}}{R_P}(1 + \frac{R_P}{\sqrt{\pi D t}}) \tag{4.37}$$

Infolge der stattfindenden Diffusion findet eine Änderung der Masse $m$ in der Pore statt, zu deren Bestimmung die Ausdrücke (4.38) dem 1. Fickschen Gesetz und (4.39) dem idealen Gasgesetz entsprechend herangezogen werden können [LED10]:

$$\frac{dm}{dt} = 4\pi D R_P^2 \frac{\partial C}{\partial r}(r = R_P) \tag{4.38}$$

$$\frac{dm}{dt} = \frac{4}{3}\frac{\pi}{R}\frac{d}{dt}\left(\frac{R_P{}^3}{T} M_g p_P\right) \qquad (4.39)$$

Hier ist $M_g$ das Molekulargewicht des Gases in der Pore. Der Diffusionkoeffizient beschreibt die Eigenschaften der beweglichen Moleküle in das Harz hinein und kann mit dem experimentell abhängigen Vorfaktor $D_0$ folgendermaßen ausgedrückt werden [LED10]:

$$D(T) = D_0 e^{\left(-\frac{E}{RT}\right)} \qquad (4.40)$$

Eine Verknüpfung der Gleichungen (4.33) und (4.37)-(4.39) führt zu der nichtlinearen Differentialgleichung (4.41):

$$\frac{d}{dt}\left(\frac{M_g}{T}\left(p_h R_P{}^3 + 3\gamma R_P{}^2\right)\right) = 3 R_b D (C_\infty - C_{sat}) R_P \left(1 + \frac{R_P}{\sqrt{\pi D t}}\right) \qquad (4.41)$$

Der erwähnte Einfluss der in das Harz eindringenden Luftfeuchtigkeit bzw. des Wassergehaltes infolge der Lagerung der Preforms kann durch ein Beaufschlagen der Preforms mit Wasserdampf untersucht werden. So kann dieser Wasserdampf dann bei der Infusion in das Harz gelangen und die Porenentwicklung während der Aushärtung mitbestimmen. Mittels des Wasserdampfes kann der Wassergehalt im Harz bestimmt werden [LED10]:

$$C = \psi \frac{a(\varepsilon)^b \rho_M}{100 V_M} \qquad (4.42)$$

Die mit $\varepsilon$ angegebene Luftfeuchtigkeit beschreibt in dem Ausdruck $a(\varepsilon)^b$ die Löslichkeit des Wassers im Harz. Mit $\rho_M$ ist die spezifische Masse des Harzes beschrieben während $V_M$ für den Harzvolumengehalt steht. Der Vorfaktor $\psi$ berücksichtigt die Tatsache, dass die Wassermoleküle entweder durch eine chemische Reaktion gefolgt von einer Hydrolysereaktion mit dem Harz reagieren oder nur in das Harz diffundieren. Das führt dazu, dass der Wert für $\psi$ sich in einem Bereich zwischen 0 und 1 bewegt. Die Luftfeuchtigkeit kann zu ihrer Berücksichtigung als das Verhältnis des partiellen Wasserdampfdruckes zum gesättigten Wasserdampfdruck angegeben werden [LED10]:

$$\varepsilon = 100 \frac{p_W}{p_W^{sat}} \qquad (4.43)$$

Während für die Beschreibung des partiellen Wasserdampfdruckes die Gleichung (4.32) dient, wird der gesättigte Dampfdruck des Wassers $p_W^{sat}$ wie folgt bestimmt [LED10]:

$$p_W^{sat}(T) = p_W^{sat}(T_{ref})[\tfrac{T_{ref}}{T}]^{\frac{\beta}{R}}e^{[\frac{E_\alpha}{R}\left(\frac{T}{T_{ref}}-\frac{1}{T}\right)]}$$

(4.44)

Dabei ist $p_W^{sat}(T_{ref})$ der gesättigte Wasserdampfdruck bei der Referenztemperatur $T_{ref}$ zum Bestimmungszeitpunkt. Die Ausdrücke $E_\alpha$ und $\beta$ stellen Parameter zur Einstellung der Verdampfungsenthalpie dar. Mittels der hier angeführten Zusammenhänge in Verbindung der Gleichungen (4.32), (4.33) sowie der Gleichungen (4.42)-(4.44) kann auf einen endgültigen Ausdruck für die Gaskonzentration an der Porenwand geschlossen werden:

$$C_{sat} = \psi \frac{a\rho_M}{100V_M}\left(\frac{100x_w\left(p_h - \frac{3\gamma}{R_P}\right)}{p_W^{sat}(T_{ref})\left[\frac{T_{ref}}{T}\right]^{\frac{\beta}{R}}e^{\left[\frac{E_\alpha}{R}\left(\frac{1}{T_{ref}}-\frac{1}{T}\right)\right]}}\right)^b$$

(4.45)      falls $p_W < p_W^{sat}(T)$:

$$C_{sat} = \psi \frac{a\rho_M}{100V_M}(100)^b$$

(4.46)      falls $p_W \geq p_W^{sat}(T)$

Die Effekte der Viskosität und der Vernetzung des Harzes aufgrund der hier zuvor beschriebenen Gasdiffusion können zum besseren Verständnis über die entscheidende Rolle des hydrostatischen Druckes stärker zum Vorschein gebracht werden. So folgt durch eine Umstellung der Gleichung (4.35) der folgende Ausdruck:

$$\frac{4}{R_P}\left(\frac{\gamma}{2} + \eta(T,\alpha)\dot{R}_P\right) + p_h = p_0\frac{T}{T_0}(\frac{R_0}{R_P})^3$$

(4.47)

Da der Ausdruck auf der rechten Seite der Gleichung (4.47) die Verhältnisse der aktuellen Bezugsgrößen zum Beobachtungszeitpunkt zu den Anfangsgrößen beinhaltet kann er durch den Druck in der Pore $p_P$ ersetzt werden, so dass für den Porendruck gilt:

$$p_P = \frac{4}{R_P}\left(\frac{\gamma}{2} + \eta(T,\alpha)\dot{R}_P\right) + p_h$$

(4.48)

Die erarbeiteten Zusammenhänge können auch zur besseren Bestimmung der Massenänderung in der Pore angewandt werden [LED10]:

$$\frac{dm}{dt} = \frac{4\pi}{3R}\frac{d}{dt}(\frac{M_g(R_P)^2}{T}(3\gamma + 4\eta(T,\alpha)\dot{R}_P + p_hR_P))$$

(4.49)

$$\frac{dm}{dt} = 4\pi D(C_\infty - C_{sat})R_P(1 + \frac{R_P}{\sqrt{\pi Dt}})$$

(4.50)

Zur experimentellen Untersuchung von Prepreganwendungen wurde diese Beschreibung der Porenentwicklung unter Berücksichtigung der im Innern des Bauteils ablaufenden Mechanismen herangezogen werden und sorgte für eine Bestätigung der hier getroffenen Annahmen. Damit zeigte sich der Einfluss der Prozessparameter Druck und Temperatur und zudem der Einfluss des Wassergehaltes im Harz infolge der Lagerung bei unterschiedlichen Bedingungen hinsichtlich der Luftfeuchtigkeit. In Abbildung 4-12 sind die aus diesen Untersuchungen gewonnen Ergebnisse der Verläufe von Temperatur, Druck und Viskosität gezeigt und wie sich deren Veränderung auf den Porenradius auswirkt. Die Viskosität zeigt dabei das für sie typische Verhalten bei Veränderung der Temperatur während des Aushärtezyklus, so dass sie erst stark abnimmt und dann aufgrund der Vernetzung des Harzsystems wieder ansteigt.

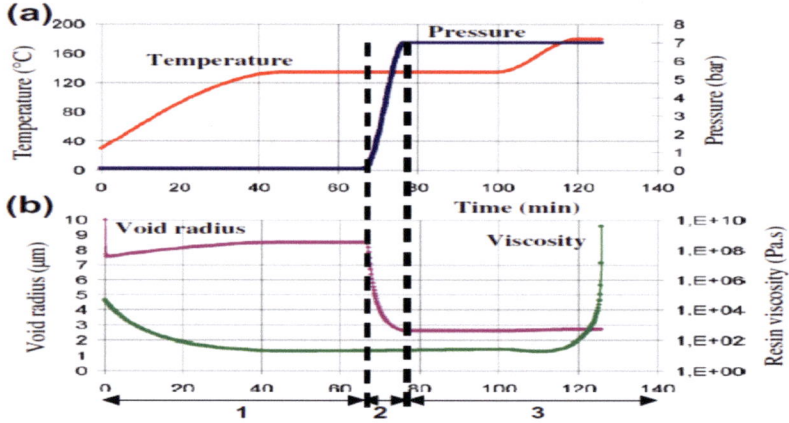

Abbildung 4-12: Verlauf von Porenradius, Temperatur, Druck und Viskosität während des Autoklavzyklus zur Untersuchung der Porenentwicklung [LED10]

In der Entwicklung des Porenradius mit der Zeit ist zu Beginn eine Zunahme infolge der Temperatursteigerung und der damit verbundenen Diffusion zu erkennen. Dabei nimmt die Dampfkonzentration ab, während die Gaskonzentration an der Zwischenschicht von Pore und Harz steigt Mit Beginn der Druckbeaufschlagung steigt der Druck in der Pore aufgrund des hydrostatischen Druckes um diesem entgegenzuwirken, da dieser jedoch viel größer ist erfolgt eine sehr starke Abnahme des Porenradius bis zu dem Punkt wo kein Druckanstieg mehr erfolgt und der Druck konstant gehalten wird. Ab diesem Zeitpunkt sind keine Veränderungen im Porenradius erkennbar, selbst bei einem weiteren Anstieg der Temperatur zum Ende des Zyklus [LED10].

Für die Entstehung und das Wachstum von Poren durch den Einfluss des Auto-klavprozesses wird hier die Rolle des aufgebrachten Druckes im Autoklavev in Ver-bindung mit dem Vakuumdruck deutlich. So kann über Komprimierung oder den Wachstum vorhandener Poren entschieden. Dabei können die Poren entweder int-ralaminar innerhalb der einzelnen Lagen oder interlaminar zwischen den einzelnen Lagen selbst liegen. Durch den sich bildenden Harzfluss parallel oder senkrecht zur Lagenorientierung und der damit verbundenen Druckverteilung hat die Dicke des Bauteils einen ebenso entscheidenden Einfluss auf die Ausprägung der Porosität. Ein weiterer Aspekt ist, dass bei der Vernetzung von duromeren Harzen die Vernet-zung am Bauteilrand schneller stattfindet. Das hat zur Folge, dass wandernde sich zusammengeschlossene Poren in diesen Bereichen infolge der steigenden Viskosität in der Weiterbewegung gehindert werden und im festen Faserverbundbauteil dort verbleiben [GEH11].

Die Untersuchung des Autoklavprozesses und seiner Einflussfaktoren hinsichtlich der Entstehung und Entwicklung von Poren macht deutlich, dass nur durch eine Be-rücksichtigung dieser Einflüsse die Bauteilqualität den gewünschten Anforderungen entsprechen kann. Es gilt durch eine aufeinander abgestimmte Anpassung von Tem-peratur und Druck während des Fertigungsprozesses dafür zu sorgen, dass eine Bil-dung von Poren vermieden wird. Zusätzlich muss der Vakuumaufbau auch in der Wahl seiner Hilfsmaterialien so ausgelegt werden, dass diese den Anforderungen entsprechend eingesetzt werden. So sollte der Bleeder zur Vermeidung von harzrei-chen Zonen im ausgehärteten Bauteil eine der Harzabfuhrmenge angepasste Dicke haben, damit überschüssiges Harz aufgenommen werden kann. Der Einfluss der Luftfeuchtigkeit als äußerer Einfluss zum Fertigungsprozess sollte gering gehalten werden, da dieser sich im Harz ansammelt und in Kombination mit hohen Tempera-turen dessen Diffusionsneigung steigt. Das führt dazu, dass der Druck in der Pore zunimmt und als Gegenmaßnahme ein höherer Prozessdruck erforderlich ist um ein Wachsen von Poren zu verhindern. Wie beim Infusionsprozess hat der Prozessdruck auch hier eine entscheidende Rolle hinsichtlich des Porengehaltes. Ein weiterer ent-scheidender Einfluss bei beiden Fertigungsprozessen ist die Temperatur, welche die Harzviskosität bestimmt. Während bei der Infusion mittels der Temperatur die Harz-geschwindigkeit kontrolliert werden kann, ist es bei der Aushärtung im Autoklaven die Vernetzung der Matrix und der Aushärtegrad. Die Wechselwirkung dieser beiden

Fertigungsprozesse ist somit von vielen Einflüssen begleitet und bedarf einer experimentellen Untersuchung. Mit Hilfe dieser Untersuchung soll die Ausgeprägtheit der hier erarbeiteten Einflüsse hinsichtlich der Entstehung von Poren bestimmt werden. So kann das gewonnene Verständnis der in beiden Fertigungsprozessen ablaufenden Mechanismen der Porenentstehung dahingehend genutzt werden, über eine abgestimmte Parametrierung der wichtigsten Prozessgrößen für porenfreie Bauteile zu sorgen.

# 5 Experimentelle Untersuchung der Wechselwirkung

Die bisher theoretisch erarbeiteten Ergebnisse zu der Wechselwirkung Infusion/ Autoklav werden im nächsten Schritt dazu genutzt, diese anhand einer experimentellen Untersuchung näher zu betrachten. Das Ziel besteht darin, die Ausgeprägtheit des Qualitätskriteriums Porengehalt bezüglich der im vorherigen Kapitel beschriebenen Einflüsse zu bestimmen. Ausgehend vom Versuchsaufbau wird im nächsten Schritt die Vorgehensweise bei der Versuchsdurchführung beschrieben. Eine Auswertung der erhaltenen Ergebnisse schließt die experimentelle Untersuchung ab.

## 5.1 Versuchsaufbau

Der Versuchsaufbau umfasst neben den eingesetzten Materialien und Hilfsmitteln auch den Vakuumaufbau zur Durchführung der beabsichtigten Untersuchungsvorhaben.

### 5.1.1 Harzsystem

Für die Infusion kam das Epoxidharz CYCOM 977-20 der Firma CYTEC zum Einsatz. Dieses ist bei Raumtemperatur zähflüssig und sein klarer bräunlicher Farbton ähnelt dem von Bernstein. Aus dem Diagramm des Herstellers in Abbildung 5-1 zeigt sich die niedrige Viskosität des Harzes für Infiltrierungen bei Temperaturen von 60-85 °C. Daher besteht kein Bedarf einer erhöhten Wärmezufuhr oder eines hohen Druckes der eingesetzten Rohrleitungen zur Harzbeförderung. Dieses Epoxidharz härtet bei 177 °C aus, so dass es nach einer dreistündigen Haltezeit bei dieser Temperatur vollkommen ausgehärtet ist und eine Gebrauchstemperatur von 135 °C aufweist.

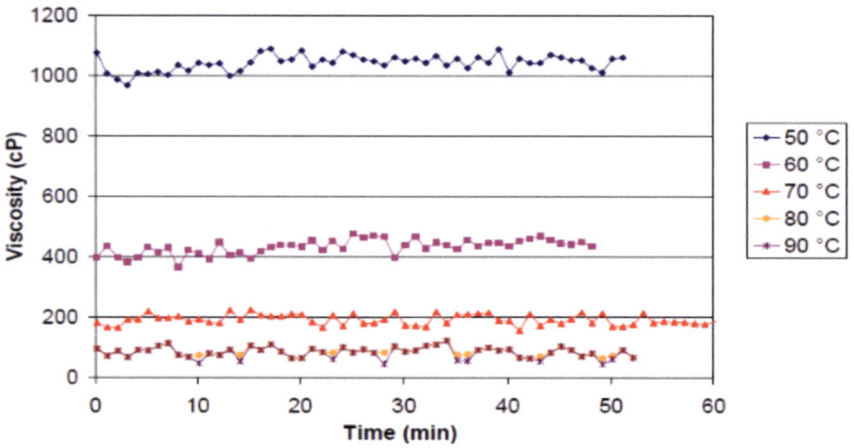

Abbildung 5-1: Harzviskosität von 977-20 für verschiedene Temperaturen

## 5.1.2 Verstärkungsfasern

Als Verstärkungsfasern dienten Glasfasern anstatt der in der Vorarbeit erwähnten Kohlenstofffasern. Der Grund dafür ist, dass diese im Vergleich zu Kohlenstoffasern kostengünstiger und damit wirtschaftlicher für eine Versuchsdurchführung mit einem hohen Probenaufkommen sind. Zudem ist auch die Beobachtbarkeit der Poren besser. Der Unterschied der beiden Fasertypen liegt in ihren mechanischen Eigenschaftswerten. Die hier eingesetzten Glasfasern sind vom Typ E-Glas, welches eine sehr hohe Zugfestigkeit und Bruchdehnung aufweist. Sie liegen als Glasfilamentgewebe mit einer unidirektionalen Faserausrichtung und einer Leinwandbindung vor. Die Leinwandbindung soll laut Herstellerangaben eine hohe Schiebefestigkeit bei einer schlechten Verformbarkeit besitzen, so dass sie für einfache Formteile wie beispielsweise für Platten geeignet ist. Die Verformbarkeit ist hier nicht Bestandteil der Untersuchung, wogegen die Schiebefestigkeit nicht so hoch ist, da die einzelnen Fäden sich leicht verschieben lassen was zu einer schweren Handhabung des Gewebes führt. Die Lieferung erfolgt in Rollen mit einer Länge von 10 m bei einer Breite von 1 m.

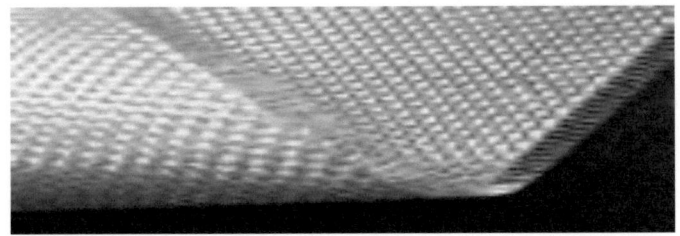

Abbildung 5-2: Glasfilamentgewebe aus E-Glas

### 5.1.3 Wärme- und Trockenofen

Die Infusion erfolgte in dem Wärme- und Trockenofen Heraeus T6060 der Firma Kendro. Dieser besitzt einen Temperaturbereich bis 300 °C und es kann eine Grenztemperatur zur Vermeidung eines Überhitzens eingestellt werden. Der Einsatz erfolgt aus dem Grund, da die Zugänglichkeit zum Autoklaven nicht jederzeit gegeben ist und die benötigte Aushärtetemperatur von 177 °C auch mit dem Wärme- und Trockenofen zur Verfügung steht. Er ist somit problemlos in den Gesamtprozess integrierbar und seine flexible Innenraumgestaltung bietet eine optimale Auslastung aufgrund verstellbarer Einlegemöglichkeiten. Auch eine überdurchschnittliche Trockenleistung und eine optimale und somit gleichmäßige Temperaturverteilung sprechen für den Einsatz zur Versuchsdurchführung.

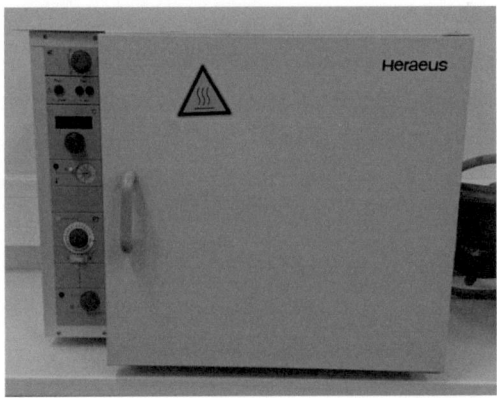

Abbildung 5-3: Wärme- und Trockenofen

### 5.1.4 Vakuumaufbau

Der Vakuumaufbau umfasst die Vorbereitung des Aushärtewerkzeuges und das anschließende Anbringen des Lagenaufbaus inklusive der benötigten Hilfsmaterialien auf das Aushärtewerkzeug.

Zu Beginn wurde daher das Aushärtewerkzeug vorbereitet. Dazu wurde eine 38 cm lange, 35 cm breite und 1,5 cm dicke Aluminiumplatte oberflächengeschliffen und mit Hilfe eines Rauhigkeitsmessgerätes die Rauigkeit der Oberfläche gemessen. Ziel war es eine sehr gute Oberfläche für die Infusionen sicherzustellen, damit der Lagenaufbau eben und gerade auf das Aushärtewerkzeug aufgelegt werden konnte. Aufgrund des direkten Aufliegens des Lagenaufbaus wird die Güte der Unterseite des fertigen Bauteils durch die Beschaffenheit der Werkzeugoberfläche bestimmt. Anschließend wurden aus dem Glasgewebe quadratische Zuschnitte mit einer Seitenlänge von 20 cm für die einzelnen Lagen des Laminataufbaus gefertigt. Da die Versuche mit unidirektionalem und auch multidirektionalem Lagenaufbau durchgeführt wurden, mussten die Zuschnitte auch mit einer Faserorientierung von 45° zugeschnitten werden. Auf der Aluminiumplatte musste der Infusionsbereich mit Trennmittel versehen werden, damit das ausgehärtete Bauteil nach der Infusion auch problemlos ohne auf der Werkzeugoberfläche zu haften entformt werden konnte. Dazu wurde der Rand des Infusionsbereiches mit Klettband abgeklebt und die innere Fläche fünfmal sowohl in horizontaler wie auch in vertikaler Richtung gehend eingetrennt (Abbildung 5-5). Das Abkleben mit Klettband sollte verhindern, dass dieser Bereich Trennmittel enthält und somit zu einem Ablösen des später aufgebrachten Dichtbandes führt. Auf der eingetrennten Fläche kam dann wie in den Abbildungen 5-6 bis 5-8 gezeigt der Versuchsaufbau, so dass zuerst der multiaxiale Lagenaufbau bestehend aus acht Einzellagen mit dem vorgegebenem Legeschema (-45°/0°/+45°/90°/90°/+45°/0°/-45°) gelegt wurde. Abbildung 5-4 gibt das Legeschema wieder, wo die dickere Linie die Faserorientierung in der jeweiligen Einzellage wiedergibt.

Legerichtung von unten nach oben

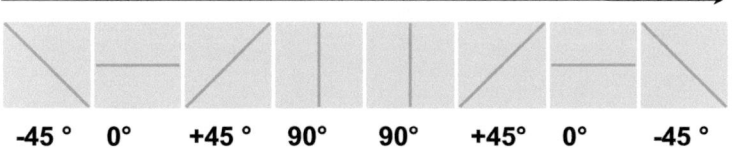

-45 °     0°     +45 °     90°     90°     +45°     0°     -45 °

Abbildung 5-4: Legeschema multiaxialer Lagenaufbau

Zur Unterstützung des Harzflusses als Linienanguss wurden dann recht und links vom Lagenaufbau zuvor zugeschnittene und 3 cm breite und 20 cm lange Fließhilfen beigelegt. Wie in Abbildung 5-7 zu sehen ist wurden auf der linken Harzabflussseite zur Sicherstellung eines gleichmäßigen Harzflusses und um Runnern vorzubeugen erst eine 3 cm breite und 6 cm lange Fließhilfe gelegt ehe die identische Fließhilfe wie auf der rechten Seite kam. Für die Fließhilfen wurden je drei Lagen aufgelegt. Nach der ersten Lage der Fließhilfen wurde ein Schlauch aus PTFE sowohl für die Harzzufluss- als auch für die Harzabflussseite angebracht auf dem dann die restlichen beiden Lagen Fließhilfe aufgelegt wurden. Auf den Lagenaufbau wurde zusätzlich noch eine Trennfolie gelegt, damit infolge der Infusion und der anschließenden Aushärtung ein Verkleben der Vakuumfolie auf der fertigen Probe vermieden werden kann. Bevor die Vakuumfolie angebracht wurde, musste das Klettband entfernt und durch ein Dichtband ersetz werden. Somit war der Versuchsaufbau auf Seiten des Aushärtewerkzeuges fertig. Dieser Vorgang wurde vor jeder Infusion durchgeführt mit dem Unterschied, dass für die nach der ersten Infusion folgenden Infusionen ein einmaliges Eintrennen ausreichend war.

Abbildung 5-5: Markierung des Infusionsbereiches und nachfolgendes Eintrennen

Abbildung 5-6: Auflegen des Lagenaufbaus auf die eingetrennte Fläche

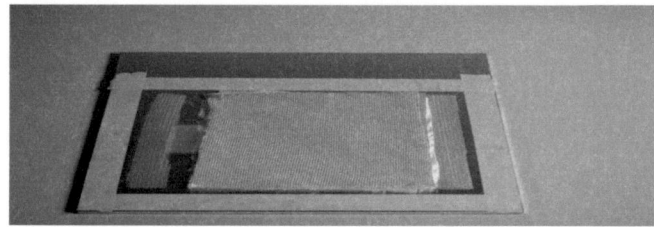

Abbildung 5-7: Anbringen der Fließhilfe

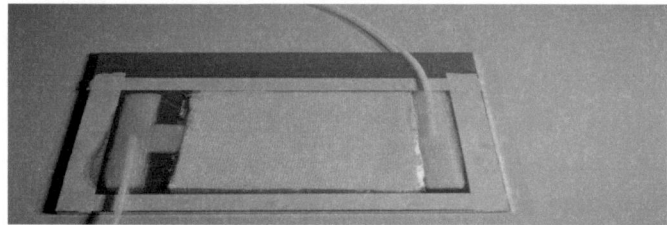

Abbildung 5-8: Anbringen der PTFE-Schläuche für Zu- und Abfluss

Das eingesetzte Harz musste zudem laut Herstellervorgabe zudem zur Entfernung von möglichen im Harz vorhandenen Luftblasen vor jeder Infusion entgast werden, indem es bei vollem Vakuum von -0,8 bar für 45 Minuten bei einer Temperatur von 75 °C in den Wärmeofen kam. Nach erfolgter Entgasung wurde der Schlauch am Ausgang an eine Harzfalle angeschlossen, welches abgesaugtes Harz aufnehmen sollte. Am Schlauch am Eingang kam eine Klemme die zugedreht wurde, damit keine Luft in das Bauteilinnere eindringen konnte (Abbildung 5-9). Auch die Harzfalle wurde luftdicht verschlossen, so dass die Dichtigkeitsprüfung des Versuchsaufbaus durch-geführt werden konnte. Dabei wurde der Vakuumschlauch am Verlängerungsstück der Harzfalle angeschlossen und der Unterdruck im Aufbau erzeugt. Nach dem Ent-fernen des Vakuumschlauches wurde die Druckanzeige am Manometer beobachtet und für einen Druckabfall kleiner als 0,02 bar in zwei Minuten war der Aufbau luftdicht.

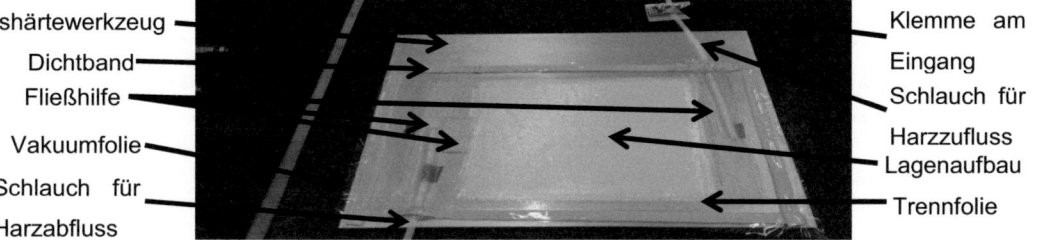

Aushärtewerkzeug
Dichtband
Fließhilfe
Vakuumfolie
Schlauch für
Harzabfluss

Klemme am
Eingang
Schlauch für
Harzzufluss
Lagenaufbau
Trennfolie

Abbildung 5-9: Fertiger Vakuumaufbau

Der komplette Aufbau konnte somit in den Wärmeofen gestellt werden. Die Dose mit dem Harzvorrat wurde auf die hintere linke Ecke der Aluminiumplatte gelegt, in die dann der Schlauch bis zum Boden der Dose hineinragte. Die Harzfalle konnte aus Platzgründen nicht mit in den Wärmeofen und wurde außerhalb platziert. Wie in Abbildung 5-10 zu sehen ist, wurde während der Versuche am Verlängerungsstück der Harzfalle ein Manometer zur Überwachung des Druckes angeschlossen. Diese würden dann auf eine Undichtigkeit im Aufbau oder der Harzfalle hinweisen.

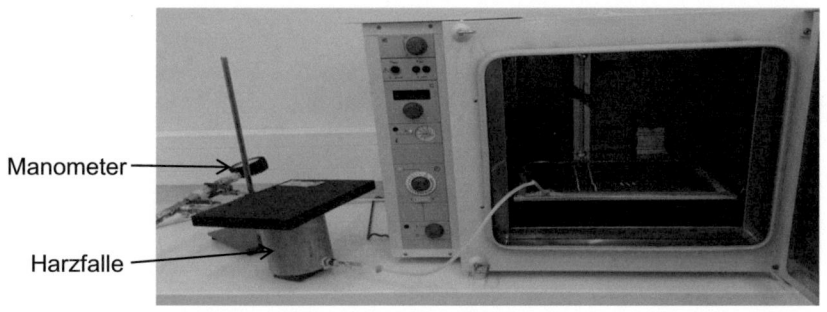

Manometer

Harzfalle

Abbildung 5-10: Endgültiger Versuchsaufbau

## 5.2 Versuchsdurchführung

Die experimentellen Untersuchungen umfassten insgesamt 25 Versuche. Mittels dieser Versuche sollte durch eine geeignete Auswahl von Prozessparametern und deren Parametern unter Berücksichtigung der theoretisch gewonnenen Ergebnisse der Einfluss dieser Prozessgrößen auf die Porenbildung untersucht werden. Als Prozessparameter erhielten diejenigen eine Berücksichtigung, die in Abhängigkeit ihrer Ausprägung eine entsprechende Veränderung im Porengehalt zur Folge haben könnten. Dadurch sollte die Wechselwirkung zwischen dem Infusionsprozess und dem Aushärteprozess mittels des Qualitätskriteriums Porengehalt durch eine angepasste Kombination der Prozessparameter und ihrer Ausprägungen untereinander untersucht werden. Die hier berücksichtigten Parameter sind:

- Vakuumdruck während der Infusion
- Infusionsdruck
- Luftfeuchtigkeit
- Infusionstemperatur
- Faserorientierung Lagenaufbau
- Postflow
- Haltezeit nach der Infusion
- Vakuumdruck nach der Infusion bzw. beim Aushärten
- Umgebungsdruck beim Aushärten

Tabelle 5-1 gibt einen Überblick der ausgewählten Prozessparameter sowie deren Bereiche in denen die Parameter variiert wurden. Der Postflow wurde zu Beginn berücksichtigt und noch einmal bei der Mitte der Versuche während die Haltezeit eine Vorgabe des Herstellers war, die dem Zweck dienen sollte für eine gleichmäßige Verteilung des Harzes im Aufbau zu sorgen bevor der Aushärteprozess durch Hochfahren der Ofentemperatur auf 180 °C gestartet wurde. Die Aushärtetemperatur und die Haltezeit betrugen immer 180 °C bzw. 180 Minuten und sind daher in der Tabelle nicht mi angeführt.

| Fertigungsprozess | Prozessparameter | Parameterbereich |
|---|---|---|
| Infusion | Vakuumdruck während der Infusion [bar] | -0,2....-0,8 |
| | Infusionsdruck [bar] | 0,6....1 |
| | Luftfeuchtigkeit | 0...100 bzw. mit Wasser getränkt |
| | Infusionstemperatur [°C] | 55....120 |
| | Faserorientierung Lagenaufbau | unidirektional, multidirektional |
| | Postflow | Ja, nein |
| | Haltezeit nach der Infusion [min] | 0....70 |
| Aushärtung | Vakuumdruck beim Aushärten [bar] | 0....-0,8 |
| | Umgebungsdruck beim Aushärten [bar] | 1....10 |

Tabelle 5-1: Untersuchte Prozessparameter und deren Ausprägungen

Die Variation der einzelnen Einflussgrößen ist ein Ergebnis der theoretischen Vorüberlegungen, so dass eine Variation der Parameter innerhalb der angegeben Bereiche den Einfluss des jeweiligen Prozessparameters stärker hervorheben sollte. Eine Änderung des Vakuumdruckes nach der Infusion beruht auf die gewonnene Erkenntnis, dass ein geringerer Vakuumdruck die Porenentstehung unterdrücken bzw. ganz vermeiden könnte.

Der Vakuumdruck und der Infusionsdruck während der Infusion werden zur Untersuchung des Einflusses eines sich ändernden Druckgradienten untersucht. Für die Änderung des Infusionsdruckes war eine Umgestaltung der Versuchsaufbaus notwendig, so dass die Dose mit Harz in ein Druckgefäß gestellt und dieses luftdicht verschlossen werden musste. Dabei dienten zwei an dem Deckel des Druckgefäßes angebrachte Öffnungen zum einen dem PTFE-Schlauch der zum Aufbau führte und zum anderen einem zweiten PTFE-Schlauch, der an eine zweite Vakuumversorgung angeschlossen wurde. Dadurch konnte der Druck im Gefäß und somit auch der Infusionsdruck variiert werden. Abbildung 5-11 zeigt die vorgenommene Änderung des Versuchsaufbaus. Für die Variation des Vakuumdruckes sowohl während der Infusion als auch danach hatte das keinen Einfluss auf die Versuchsdurchführung.

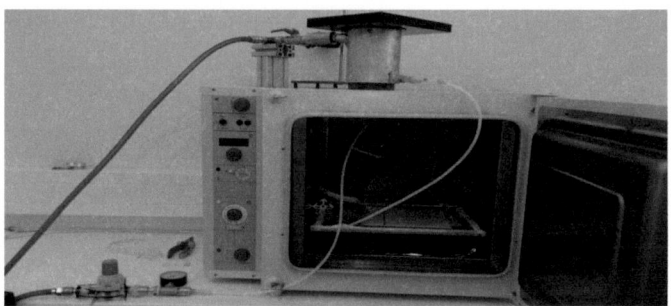

Abbildung 5-11: Versuchsaufbau zur Variation des Infusionsdruckes

Über die Änderung der Luftfeuchtigkeit sollte der Wassergehalt im Harz aufgrund der Infusion und der dadurch entstehende Einfluss auf einen Porengehalt im darauffolgenden Aushärteprozess untersucht werden.

Die Variation des Umgebungsdruckes beim Aushärten sollte seine große Bedeutung hinsichtlich im Laminat vorhandener Poren und der Möglichkeit der Beseitigung dieser bekräftigen. Daher wurde ein Versuchsaufbau nach erfolgter Infusion im Autoklaven ausgehärtet. Für die Versuchsdurchführung bedeutete das, dass der Versuchsaufbau nach der Infusion zum Autoklaven transportiert werden musste. Dafür galt es sicherzustellen, dass neben der Klemme am Schlauch für den Harzzufluss auch eine am Schlauch für den Harzabfluss angebrachte Klemme zugedreht werden musste. Das sollte ein Eindringen von Luft in den Versuchsaufbau während des Anschlusses an die Vakuumleitung des Autoklaven verhindern.

Hinsichtlich der Temperatur bestimmt diese die Harzviskosität und damit zugleich auch die Harzfließfrontgeschwindigkeit. Umso höher die Temperatur, desto geringer die Harzviskosität wodurch eine höhere Harzfließfrontgeschwindigkeit erreicht werden kann. Für die Versuchsdurchführung entscheidet die Harzfließfrontgeschwindigkeit über die Infusionsdauer, die mit steigender Geschwindigkeit geringer wird.

Eine Variation des Lagenaufbaus zwischen unidirektional und multidirektional sollte Erkenntnisse über die erarbeiteten Vorüberlegungen hinsichtlich eines sich ergebenden Fließwiderstandes des Harzflusses durch senkrecht liegende Fäden bringen.

Infolge des Fließwiderstandes könnte die Porenbildung und die Art der Poren beeinflusst werden.

In Tabelle 5-2 ist die Versuchsplanmatrix gezeigt, welche die Reihenfolge der durchgeführten Versuche wiedergibt.

Die ersten durchgeführten Versuche waren Standardversuche und dienten dem Test des Aufbaus und wurden bei 90 °C sowie einem Vakuumdruck von -0,8 bar während und nach der Infusion durchgeführt. Weiterhin fanden dort der Postflow und die Haltezeit Berücksichtigung. Diese Versuche führten alle zur Porenbildung, so dass mit dem Versuch 9 durch Herabsetzung des Vakuumdruckes nach der Infusion eine porenfreie Probe als Ergebnis vorlag. Von dort an fand eine Variation der Prozessparameter durch Bildung von Parameterpaarungen statt.

Bei der Untersuchung des Einflusses des Vakuumdruckes nach der Infusion und während der Aushärtung spielten auch mehrere Prozessgrößen eine Rolle. Dazu zählten die Temperatur, der Vakuumdruck nach der Infusion sowie auch die Luftfeuchtigkeit indem ein Lagenaufbau zuvor im Ofen bei 120 °C für 30 Minuten komplett getrocknet wurde. Der Vakuumdruck nach der Infusion wurde zwischen den Werten 0 bar, -0,3 bar, -0,4 bar und -0,8 bar variiert während die Temperatur einmal 65 °C und sonst 90 °C betrug.

Für die Versuche zur Druckdifferenz und dessen Einfluss auf eine Porenentstehung wurden der Infusionsdruck und der Vakuumdruck für die Infusion variiert bei einer Temperatur von 90 °C. So betrug der Vakuumdruck einmal -0,2 bar und einmal -0,4 bar bei einem Eingangsdruck von 1 bar während ein Vakuumdruck von -0,8 bar anlag als der Infusionsdruck auf 0,6 bar verändert wurde. Damit sollte der Einfluss eines sich ändernden Druckgradienten auf die Porenentstehung untersucht werden.

Bei der Prozessgröße Luftfeuchtigkeit, die einen sehr starken Einfluss auf eine Porenbildung haben kann, war es dann eine Parametergruppe wo die Temperatur, die Luftfeuchtigkeit und der Vakuumdruck nach der Infusion untereinander variiert wurden. So wurden zwei Versuche bei 55 °C und einer Luftfeuchtigkeit von 100% bei einem Vakuumdruck nach der Infusion von 0 bar durchgeführt, während bei drei versuchen mit einer Temperatur von 90 °C der Vakuumdruck nach der Infusion -0,1 bar betrug. Hier wurde die Luftfeuchtigkeit variiert indem sie einmal 100% betrug und zweimal erfolgte ein vollständiges Nassmachen des Lagenaufbaus durch Ansaugen oder Aufsprühen von Wasser in bzw. auf den Lagenaufbau.

Zur Untersuchung des Einflusses der Luftfeuchtigkeit wurde auch der Umgebungsdruck beim Aushärten variiert, indem die Aushärtung bei einem Umgebungsdruck von 10 bar stattfand, so dass bei dem Versuch die Temperatur unverändert bei 55 °C blieb. Der Vakuumdruck nach der Infusion lag einmal bei 0 bar und im Falle der Aushärtung bei 10 bar war ein Vakuumdruck von -0,1 bar vorhanden.

Hinsichtlich der Untersuchung des Einflusses der Temperatur bildeten die Temperatur und der Vakuumdruck nach der Infusion die Parameterpaarungen bei ansonsten gleichen Parametern aus dem Standardversuch. Die Temperatur betrug in einem Versuch 65 °C bei einem Vakuumdruck nach der Infusion von -0,8 bar. Alle anderen zu der Einflussgröße durchgeführten Versuche fanden bei einer Temperatur von 90 °C, wo lediglich der Vakuumdruck nach der Infusion mit Werten von 0 bar, -0,1 bar, -0,3 bar und -0,8 bar variiert wurde.

Für die Untersuchung des Einflusses der Faserausrichtung fand nur eine Variation des Lagenaufbaus statt, da beide Versuche zur besseren Vergleichbarkeit untereinander bei einer Temperatur von 120 °C durchgeführt wurden.

| Versuchsnummer | Temperatur Infusion | Entlüftungsdruck rel. | Infusionsdruck rel. | Luftfeuchtigkeit | Postflow | Faserorientierung | Druck rel. | Druck rel. Aussen | Temperatur Aushärtung | Haltezeit | Härtezeit |
|---|---|---|---|---|---|---|---|---|---|---|---|
| 1 | 90°C | -0,8 bar | 0 bar | ca. 30% | ja | Multiaxial | -0,8 bar | 1 bar | 180 °C | 70 min | 180 min |
| 2 | 90°C | -0,8 bar | 0 bar | ca. 30% | ja | Multiaxial | -0,8 bar | 1 bar | 180 °C | 70 min | 180 min |
| 3 | 90°C | -0,8 bar | 0 bar | ca. 30% | ja | Multiaxial | -0,8 bar | 1 bar | 180 °C | 70 min | 180 min |
| 4 | 90°C | -0,8 bar | 0 bar | ca. 30% | ja | Multiaxial | -0,8 bar | 1 bar | 180 °C | 70 min | 180 min |
| 5 | 65°C | -0,8 bar | 0 bar | ca. 30% | ja | Multiaxial | -0,8 bar | 1 bar | 180 °C | 70 min | 180 min |
| 6 | 90°C | -0,8 bar | 0 bar | 0% | ja | Multiaxial | -0,8 bar | 1 bar | 180 °C | 70 min | 180 min |
| 7 | 90°C | -0,8 bar | 0 bar | ca. 30% | ja | Multiaxial | -0,8 bar | 1 bar | 180 °C | 70 min | 180 min |
| 8 | 90°C | -0,8 bar | 0 bar | ca. 30% | ja | Multiaxial | -0,8 bar | 1 bar | 180 °C | 70 min | 180 min |
| 9 | 90°C | -0,8 bar | 0 bar | ca. 30% | nein | Multiaxial | 0 bar | 1 bar | 180 °C | 0 min | 180 min |
| 10 | 55°C | -0,8 bar | 0 bar | ca. 30% | nein | Multiaxial | 0 bar | 1 bar | 180 °C | 0 min | 180 min |
| 11 | 55°C | -0,8 bar | 0 bar | 100% | nein | Multiaxial | 0 bar | 1 bar | 180 °C | 0 min | 180 min |
| 12 | 55°C | -0,8 bar | 0 bar | 100% | nein | Multiaxial | 0 bar | 1 bar | 180 °C | 0 min | 180 min |
| 13 | 90°C | -0,8 bar | 0 bar | nass | nein | Multiaxial | -0,1 bar | 1 bar | 180 °C | 0 min | 180 min |
| 14 | 120°C | -0,8 bar | 0 bar | ca. 30% | nein | Multiaxial | -0,1 bar | 1 bar | 180 °C | 0 min | 180 min |
| 15 | 90°C | -0,8 bar | 0 bar | ca. 30% | nein | Multiaxial | -0,1 bar | 1 bar | 180 °C | 70 min | 180 min |
| 16 | 55°C | -0,8 bar | 0 bar | 100% | ja | Multiaxial | -0,1 bar | 10 bar | 180 °C | 0 min | 180 min |
| 17 | 90°C | -0,8 bar | 0 bar | ca. 30% | ja | Multiaxial | -0,1 bar | 1 bar | 180 °C | 70 min | 180 min |
| 18 | 120°C | -0,8 bar | 0 bar | ca. 30% | nein | Unidirektional | -0,1 bar | 1 bar | 180 °C | 70 min | 180 min |
| 19 | 120°C | -0,8 bar | 0 bar | ca. 30% | nein | Multiaxial | -0,1 bar | 1 bar | 180 °C | 70 min | 180 min |
| 20 | 90°C | -0,4 bar | 0 bar | ca. 30% | nein | Multiaxial | -0,1 bar | 1 bar | 180 °C | 0 min | 180 min |
| 21 | 90°C | -0,8 bar | 0 bar | nass | nein | Multiaxial | -0,1 bar | 1 bar | 180 °C | 0 min | 180 min |
| 22 | 90°C | -0,8 bar | 0 bar | ca. 30% | nein | Multiaxial | -0,3 bar | 1 bar | 180 °C | 0 min | 180 min |
| 23 | 90°C | -0,2 bar | 0 bar | ca. 30% | nein | Multiaxial | -0,1 bar | 1 bar | 180 °C | 0 min | 180 min |
| 24 | 90°C | -0,8 bar | 0 bar | 100% | nein | Multiaxial | -0,1 bar | 1 bar | 180 °C | 0 min | 180 min |
| 25 | 90°C | -0,8 bar | -0,4 bar | ca. 30% | nein | Multiaxial | -0,1 bar | 1 bar | 180 °C | 0 min | 180 min |

Tabelle 5-2: Versuchsplanmatrix

## 5.3   Versuchsauswertung

Die Auswertung der durchgeführten Versuche beinhaltet die Analyse der Einflüsse der einzelnen Prozessparameter. Der Auswertung der Proben geht eine Beschreibung der gemachten Beobachtungen während der Versuchsdurchführung voraus.

### 5.3.1   Beobachtungen und Erkenntnisse der Versuchsdurchführung

Während der Versuchsdurchführung liefen nicht alle Versuche einwandfrei ab. So kam es bei einigen Versuchen aufgrund einer entstandenen Undichtigkeit am Versuchsaufbau oder an der Regeleinrichtung zu einem Einzug von Luft in das Laminat kam, was zur Bildung von Poren führte. Da es sich hierbei um einen äußeren Einfluss auf die Porenbildung handelt, werden diese Versuche nicht in die Bewertung und den Vergleich zu anderen Versuchen miteinbezogen. Dabei handelt es sich um die Versuche 1, 2, 3, 7, 8, 14 und 17. Bis auf die hier genannten und ausgeschlossenen Versuche liefen alle mit einer gleichmäßig voranschreitenden Harzfließfront ab. Diese Harzfließfront, wie beispielsweise in Abbildung 5-12 zu sehen, ist ein Indiz dafür, dass die Tränkung des trockenen Lagenaufbaus mit dem Epoxidharz recht gut ablief, was auf eine gute Platzierung des Angusses und der Absaugung sowie einer gleichmäßigen Permeabilität aufgrund eines ordnungsgemäßen Auflegens des Aufbaus zurückzuführen ist.

Abbildung 5-12: Voranschreitende Harzfließfront während der Infusion Probe 16

Die in der obigen Abbildung angebrachte Linie diente zwei verschiedenen Zwecken. Zum einen wurde bei Versuchen mit Postflow sobald die Harzfließfront diese Linie erreicht hatte der Harzzufluss gestoppt, so dass kein weiteres Harz aus dem Harzvorrat nachgezogen werden konnte. Damit sorgte der vorhandene Vakuumdruck dafür, dass nur das im Bauteil vorhandene Harz nachfloss und das Bauteil vollständig mit Harz durchtränkte (Abbildung 5-13). Durch diese Maßnahme kann der Faservolumengehalt bei einer angepassten Harzverbrauchsmenge gesteuert werden. Zudem diente die Linie dazu, die Zeit aufzunehmen bis die voranschreitende Harzfront diese erreicht hatte sowie auch die Zeit die bis zur vollständigen Durchtränkung anfiel.

Abbildung 5-13: Vollständige Durchtränkung Probe 16

Durch die Aufnahme der Zeit ist es möglich die Abnahme der Harzgeschwindigkeit mit größer werdender Fließlänge mit zu verfolgen. Die Fließlänge bis zur Markierung beträgt 15 cm. Auf diesem Wege wurden die Harzfließgeschwindigkeiten infolge der unterschiedlichen Versuchsbedingungen in Abhängigkeit der betrachteten Prozessgrößen aufgenommen und sind in Abbildung 5-14 einander gegenübergestellt. Die Geschwindigkeit ist in mm/s angegeben und es zeigt sich, dass mit steigender Temperatur auch die Harzfließgeschwindigkeit aufgrund der damit verbundenen Abnahme der Harzviskosität zunimmt. Bei der Temperatur von 90 °C ist zu sehen, dass mit Zunahme der Luftfeuchtigkeitsgehaltes die Harzgeschwindigkeit ebenfalls steigt. Das kann damit erklärt werden, dass Wasser eine viel geringere Viskosität als das eingesetzte Harz hat und der Harzfluss aus diesem Grund mit steigendem Wassergehalt eine höhere Geschwindigkeit besitzt. Beim unidirektionalen Lagenaufbau ist eine viel geringere Harzfließgeschwindigkeit im Vergleich zum multidirektionalen Lagenaufbau zu beobachten. Die Fäden beim unidirektionalen Lagenaufbau sind zwar alle gleichsinnig angeordnet, da sie aber viel enger zusammenliegen könnten würde das weniger Platz für das Harz zum Durchströmen der Fäden bedeuten.

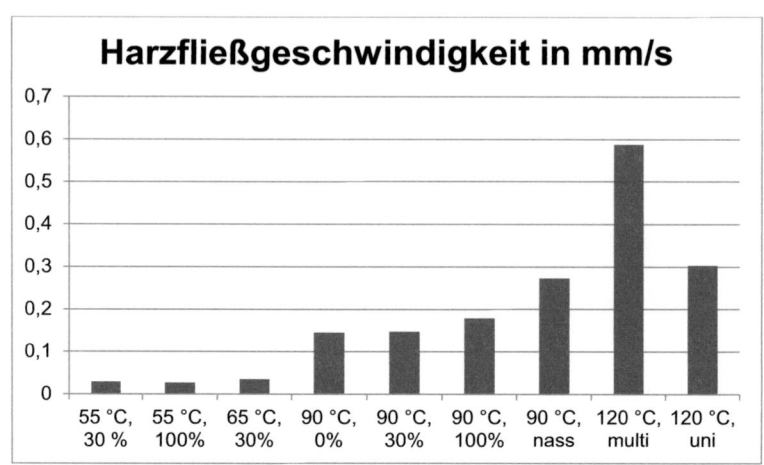

Abbildung 5-14: Harzfließgeschwindigkeit

Auch die Harzverbrauchsmenge wurde bei jeder Infusion ermittelt, indem ein Wiegen der Dose mit Harz vor und nach der Infusion erfolgte. Das ermöglicht ebenfalls einen Vergleich des Harzverbrauchs infolge der eingestellten Prozessgrößen und deren Kombination. Abbildung 5-15 zeigt die Gegenüberstellung des Harzverbrauchs, wobei für mehrere Versuche mit den gleichen Bedingungen der Mittelwert gebildet wird. Dieselbe Vorgehensweise erfolgt auch bei der Ermittlung der Harzfließgeschwindigkeit.

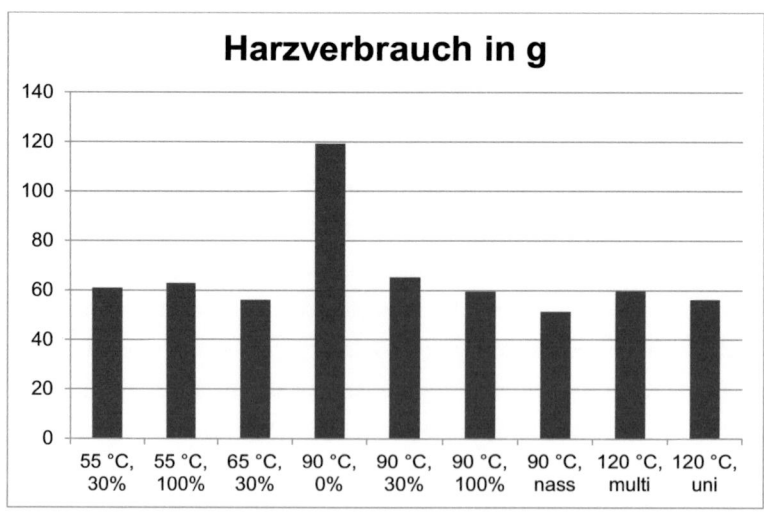

Abbildung 5-15: Harzverbrauch

Es zeigt sich, dass der Harzverbrauch bis auf die Infusion bei 90 °C und einem vorherigen Trocknen des Lagenaufbaus für 30 Minuten bei 120 °C (Versuch 6) bei allen anderen Infusionen im ähnlichen Verbrauchsbereich und zwar zwischen 50 g und 65 g liegt.

Als Prüfmethode zur Bewertung der vorliegenden Versuchsproben wurde aus Gründen der Verfügbarkeit und hinsichtlich der Genauigkeit seiner Ergebnisse das Ultraschallverfahren angewandt, bei dem Wasser als Kontaktmedium dient.

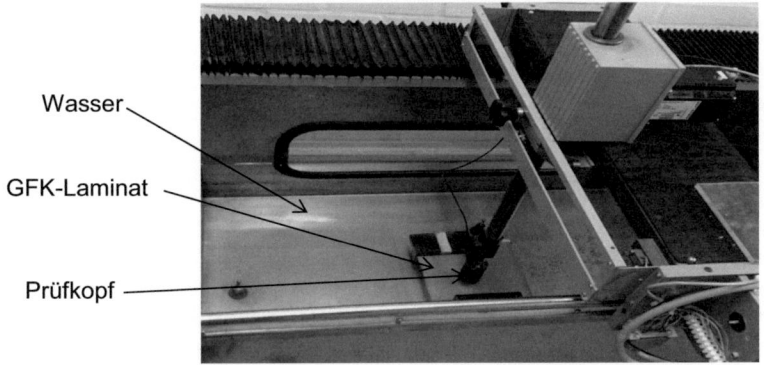

Abbildung 5-16: Anordnung der Ultraschallmessung

Die Ergebnisse der Ultraschallprüfung lagen als Ultraschallbilder vor. Da die gemessenen Echos sich vom Prüfkopf aus gesehen an der Vorderseite, an der Rückseite und durch die Bauteildicke hinweg ergeben stehen je Versuch drei Bilder für die vergleichende Auswertung zur Verfügung. Diese D-Scan-Bilder sind das Ergebnis des Ultraschallscans, indem das ausgehärtete Laminat wie in Abbildung 5-16 gezeigt mit der Unterseite der Probe nach oben zeigend in die mit Wasser befüllte Vorrichtung gelegt und gerade und fest angebracht wird. Ein D-Scan gibt das Echo der oben anliegenden Seite und seiner Beschaffenheit bezogen auf möglichen Defekten, während das Echo der Rückwand durch ein zweites Echo beschrieben wird. Ein drittes Echo liefert Informationen bezogen auf die Bauteildicke. Über die Steuerung wird der Prüfkopf angefahren und der Messbereich eingestellt. Dazu muss erstmal aber das Verlustsignal zur Erkennung des Probenrandes eingefangen werden. Abbildung 5-17 zeigt das so erhaltene Amplitudenbild, so dass anschließend der Messbereich festgelegt und die Messung begonnen werden kann.

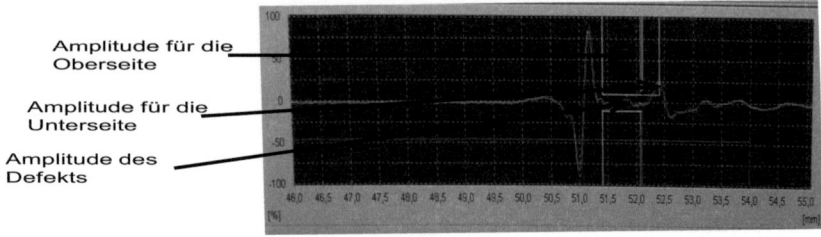

Abbildung 5-17: Amplitudensignal während des Scans der Versuchsprobe

Aufgrund der großen Anzahl an Untersuchungsproben und deren Größe war es nicht möglich eine Probe vollständig mit dem Prüfkopf abzufahren, da dieser Vorgang zu viel Zeit in Anspruch nehmen würde. Daher wurde ein Bereich von 5 cm in der Probe liegend und in Imprägnierungsrichtung die ganze Probenlänge umfassend eingestellt.

### 5.3.2 Einfluss des Vakuumdruckes nach der Infusion

Zur Bewertung des Einflusses einer Änderung des Vakuumdruckes nach der Infusion werden die Versuche 4, 5, 6, 9, 15 und 22 miteinander verglichen. Diese Versuche sind abgesehen vom Unterschied im Vakuumdruck nach der Infusion und während der Aushärtung unter gleichen Bedingungen durchgeführt worden, außer dass Versuch 5 bei einer Prozesstemperatur von 65 °C stattfand. Anhand der Intensität des gemessenen Unterseiten-Echos der Probe 4 zu Beginn eine Abnahme der Intensität zu erkennen, die bei etwa 30% liegt. Diese Abnahme zeigt sich bis zur schwarzen Markierung über die ganze Fläche stark verteilt. Der Pfeil gibt die Imprägnierungsrichtung an, die bei allen Ultraschallscans gleich ist. Von dort an liegt ebenfalls eine Intensitätsabnahme von etwa 30% vor, deren Verteilung über die Fläche aber nicht so ausgeprägt ist wie zuvor. Das weist auf einen geringeren Defekt auf der Unterseite hin (Abbildung 5-18). Bei Probe 5 ist auf der Unterseite dagegen ein besseres Echo vorhanden, wo zu Beginn ein schmaler Streifen mit Poren zu erkennen ist gefolgt von einem Bereich mit einer verlustfreien Intensität. Danach ist wieder wie in Abbildung 5-19 gezeigt ein schmaler Streifen mit Poren zu beobachten. Zum Ende des zeigt sich wieder eine höhere Porenanhäufung durch ein Abnahme der Intensität. Das Unterseite-Echo der Probe 15 zeigt dagegen kaum Verluste n der Intensität. Lediglich zu Beginn ist eine kleine Schwächung der Intensität zu erkennen, die jedoch damit zu tun hat, dass die Probe nicht ganz grade ist (Abbildung 5-20). Dasselbe Bild liefert auch das Unterseiten-Echo der Probe 22.

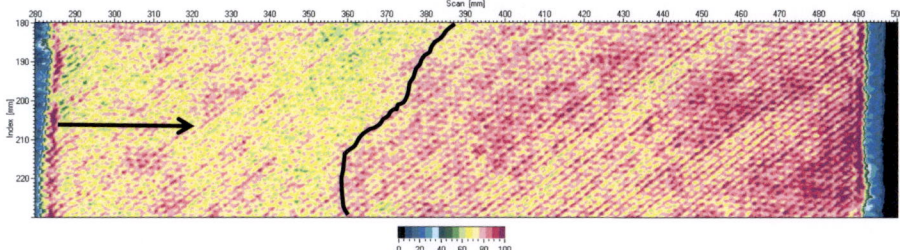

Abbildung 5-18: Unterseitenecho der Probe 4

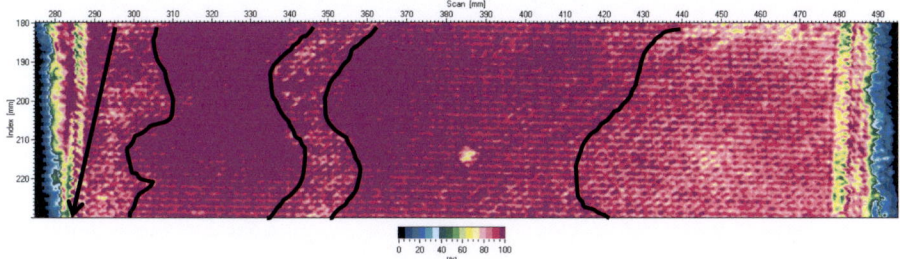

Abbildung 5-19: Unterseitenecho der Probe 5

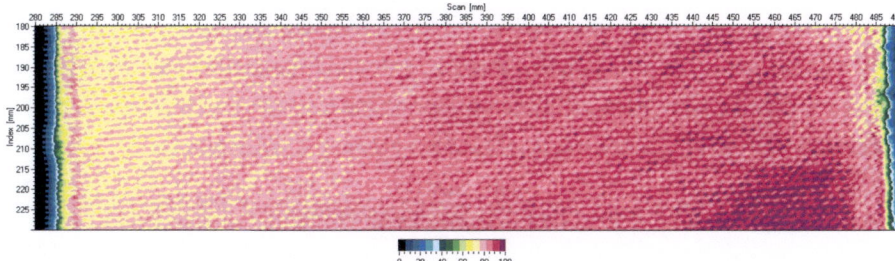

Abbildung 5-20: Unterseitenecho der Probe 15

Ein Vergleich der Oberseiten dieser Proben liefert ähnliche Ergebnisse. So ist bei den Proben 4 und 5 aufgrund der hohen Porosität kein durchgängiges Rückwandecho zu vorhanden. Das wird in der Abbildung 5-21 deutlich, wo die dunklen Bereiche dominieren. Die Oberseiten-Echos der Proben 15 und 22 zeigen dagegen beide ein sehr gleichmäßiges Echo der Rückwand aufgrund dessen, dass in den Proben keine Poren vorhanden sind. Dieses Ergebnis ist in Abbildung 5-22 für das Rückwandecho der Probe 15 gezeigt. Defekten.

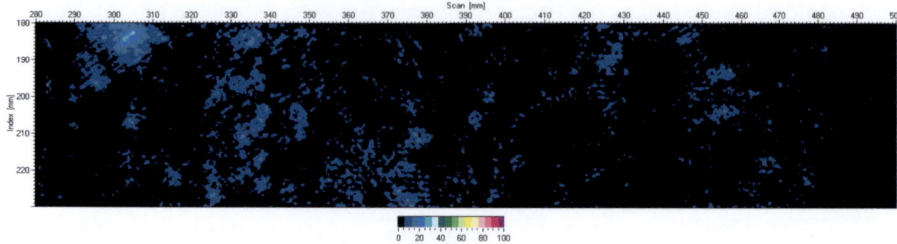

Abbildung 5-21: Rückwandecho der Probe 4

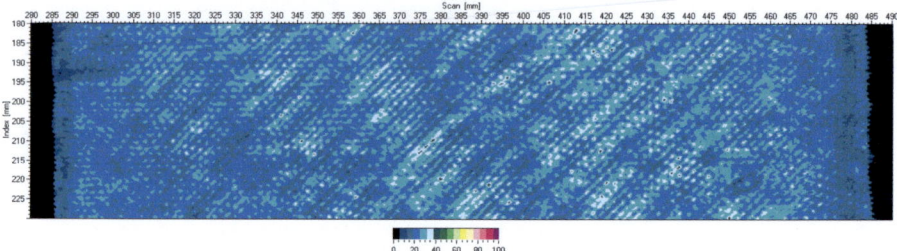

Abbildung 5-22: Rückwandecho der Probe 15

Das Ergebnis aus den Rückwandechos der Proben 4 und 5 zur Tiefenermittlung ist, dass aufgrund der hohen Porosität nichts gemessen werden konnte. Aus der Abbildung 5-23 für das Rückwandecho der Probe 4 geht hervor, dass über den ganzen Untersuchungsbereich kein Rückwandecho vorhanden ist. Bei der Probe 15 und 22 zeigt sich ein ähnliches Bild mit der Tendenz, dass die Probendicke von der Harzeingangsseite (linker Rand) hin zur Harzausgangsseite (rechter Rand) abnimmt. Abbildung 5-24 gibt das gemessene Rückwandecho für die Probe 22 wieder.

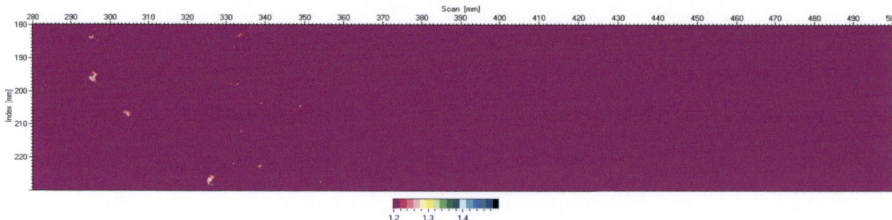

Abbildung 5-23: Rückwandecho zur Probendicke der Probe 4

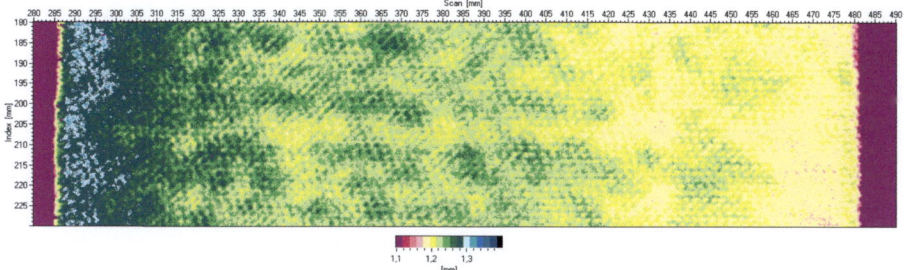

Abbildung 5-24: Rückwandecho zur Probendicke der Probe 22

Es zeigt sich, dass eine Herabsetzung des Vakuumdruckes nach der Infusion von mehr als die Hälfte zu nahezu porenfreien Laminaten führt im Vergleich dazu, wenn das Vakuum bei -0,8 bar beibehalten wird wie bei den Proben 4 und 5. Die einzige Erscheinung infolge der Herabsetzung des Vakuumdruckes ist die schon erwähnte Faltenbildung auf der Oberfläche. Bei den zu erkennenden Poren handelt es sich um Makroporen, da eine Untersuchung der Proben auf Mikroporen mittels der Ultraschallprüfung nicht möglich war. Die Probe 9 zeigt beim Blick auf die Probe ein gleiches Bild wie die Proben 15 und 22. Bei Probe 9 war jedoch während der Aushärtung kein Druck im Innern des Aufbaus vorhanden, sodass keine Ultraschallprüfung vorgenommen wurde. Für Probe 6 gilt das gleiche wie für die Proben 4 und 5, dass eine Bildung von Poren stattgefunden hat, was mit dem hohen Vakuumdruck von - 0,8 bar nach der Infusion zusammenhängt. Da die Proben 4 und 5 aussagekräftige Ergebnisse liefern erfolgte für die Probe 6 ebenfalls keine Ultraschallprüfung.

### 5.3.3 Einfluss des Druckgradienten während der Infusion

Als ein weiterer Untersuchungsaspekt wird hier die Änderung des Vakuumdruckes bzw. die Änderung des Infusionsdruckes als ein möglicher Einfluss auf die Porenbildung berücksichtigt. Da der höchste zur Verfügung stehende Vakuumdruck mit -0,8 bar immer verwendet wurde, sollte dieser in Versuch 23 zur Beobachtung möglicher Änderungen in der Bauteilqualität zu beobachten stark verringert werden. Daher betrug der Vakuumdruck während der Infusion -0,2 bar und wurde nach erfolgter vollständiger Durchtränkung des Geleges auf -0,1 bar herabgesetzt. Das Ergebnis ist eine Infusion ohne Porenbildung, die zwar mit einer Infusionsdauer von 32 Minuten etwas länger dauert als eine unter ansonsten gleichen Prozessbedingungen verlaufende Infusion mit einem vollen Vakuumdruck von -0,8 bar. Die Infusionsdauer der

Probe 15 beispielsweise betrug 24 Minuten. Trotz der hohen Temperatur von 90 °C ist ein langsamer Harzfluss mit einer Geschwindigkeit von 0,13158 mm/s vorhanden. Das in Abbildung 5-25 gezeigte Unterseitenecho der Probe 23 zeigt am linken Rand auf der Harzeingangsseite eine Abnahme der Intensität, was aber auf die Probe zurückzuführen da sie nicht gerade war. Auch das Oberseitenecho in Abbildung 5-26 gibt ein ebenso gutes Bild wieder mit einem gleichmäßigen Rückwandecho, wo zudem auch der Faltenverlauf auf der Oberfläche der Probe in dem Untersuchungsbereich zu erkennen ist.

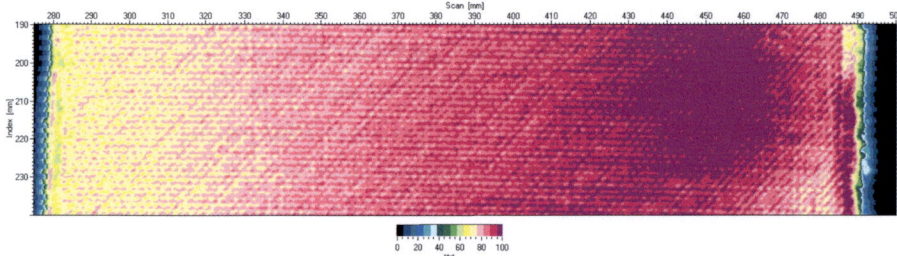

Abbildung 5-25: Unterseitenecho der Probe 23

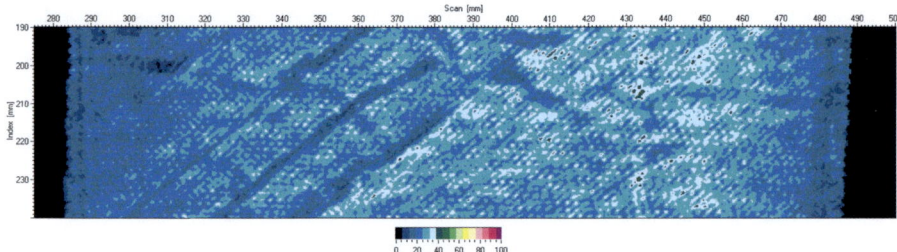

Abbildung 5-26: Oberseitenecho der Probe 23

Bei Versuch 25 mit einem geringerem relativem Infusionsdruck von -0,4 bar bei einem Vakuumdruck von -0,8 bar liegt ein gleichmäßiges und nahezu fehlerfreies Bild vor mit keinem Einfluss auf die Intensität sowohl im Unterseiten- wie auch im Oberseitenecho. Auch der Versuch 20 wurde bei einem geringeren Vakuumdruck von -0,4 bar durchgeführt, wo jedoch beim Hochfahren der Temperatur zum Aushärten auf 180 °C an irgendeiner Stelle Luft eingezogen wurde die eine Porenbildung im linken unteren Teil auf der Harzausgangsseite zur Folge hatte. Das Infusionsergebnis war sehr sauber und es kann die Annahme getroffen werden, dass auch bei einem Vakuumdruck während der Infusion von -0,4 bar Ergebnisse wie bei Versuch 23 zu erwarten sind. Die Ergebnisse zu den Untersuchungen bezüglich des Infusionsdruckes und des Vakuumdruckes während der Infusion zeigen keinen Einfluss auf eine Porenbildung. Abgesehen von Tatsache, dass diese Versuche mit einer Infusionsdauer von 32 Minuten am längsten dauerten hatte die Änderung des Infusionsdruckes und des Vakuumdruckes keinen weiteren Einfluss auf das Probenergebnis.

### 5.3.4 Einfluss der Luftfeuchtigkeit

Die nächste untersuchte mögliche Einflussnahme für die Porenbildung ist die durch den Luftfeuchtigkeits- bzw. dem Wassergehalt im Harz. Der Gehalt an Luftfeuchtigkeit und Wasser wurde durch Aufbringen von Wasserdampf oder Befeuchten des Lagenaufbaus erreicht. Die zur Untersuchung dieser Einflussnahme miteinander im Vergleich stehenden Proben sind die Proben 11, 21 und 24. Beim Blick auf die Scanaufnahme der Unterseite der Probe 11 ist ein sehr Bild zu sehen (Abbildung 5-5-28), auf dem im Eingangsbereich des Harzes ein nahezu porenfreier Bereich zu erkennen ist mit einer kleinen Schwächung des Echos. Ab der Mitte ist die Schwächung jedoch aufgrund eines hohen vorhandenen Porengehaltes sehr stark. Die Tatsache, dass der Lagenaufbau zuvor mit Wasserdampf beaufschlagt wurde und dann die anschließende Infusion folgte führt zu einer Entstehung von Poren bei der Aushärtungsreaktion. Der Wasserdampf gelangt ins Harz und in Verbindung mit der geringen Harzgeschwindigkeit bei der Temperatur von 55 °C bilden sich Poren. Diese Poren bewegen sich in Richtung Auslass, was den in Abbildung 5-27 links gezeigten porenfreien Bereich der Probenunterseite zu Beginn erklärt. Das nachströmende Harz hat für ein Wegspülen der Makroporen zum Auslass hin gesorgt. Der anschließende Aushärteprozess und die damit verbundene Vernetzung der Matrix verhindern diese Porenbewegung, so dass diese in dem Bereich ab der Mitte bis zum Ausgang im Bauteil verbleiben.

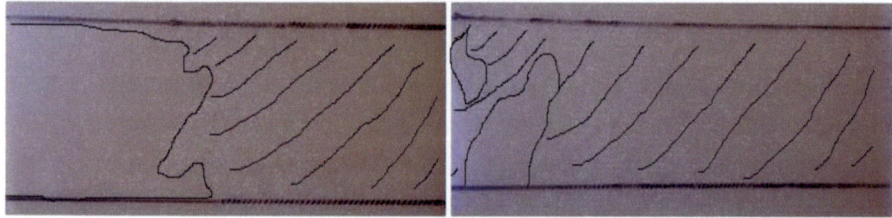

Abbildung 5-27: Porenverteilung Probe 11 (links) und Probe 21 (rechts)

Probe 24 dagegen zeigt ein viel Scanbild der Unterseite (Abbildung 5-29) bei der Unterseite, wo keine Poren vorhanden sind. Trotz der Zugabe des Wasserdampfes kommt es aufgrund der höheren Temperaturen von 90 °C zu keiner Porenbildung. Die Haltezeit von 30 Minuten vor Infusionsbeginn könnte dazu beitragen, dass die vorhandene Luftfeuchtigkeit reduziert wird. Dieser Effekt kann bei der Probe 21 nicht beobachtet werden, da durch das vollständige Durchtränken des Lagenaufbaus der Wassergehalt zu hoch war. Daher kann selbst die hohe Temperatur von 90 °C bei dem Halten des Versuchsaufbaus vor Infusionsbeginn nichts bewirken. So ergibt sich das dementsprechende Bild, bei dem ein hoher Porengehalt auf der Probe zu beobachten ist. Diese große Schwächung des Echos gibt Abbildung 5-30 deutlich wieder, wo der Bereich mit Poren sich innerhalb der schwarzen Umrandung befindet,

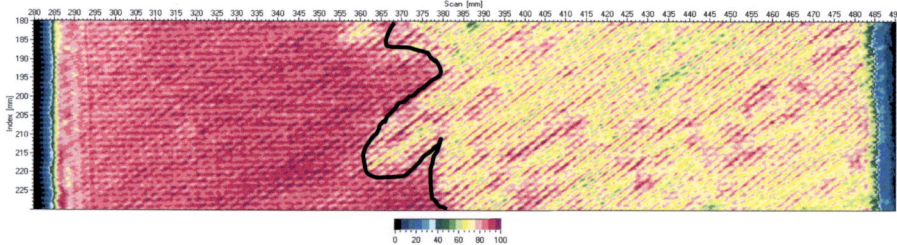

Abbildung 5-28: Unterseitenecho der Probe 11

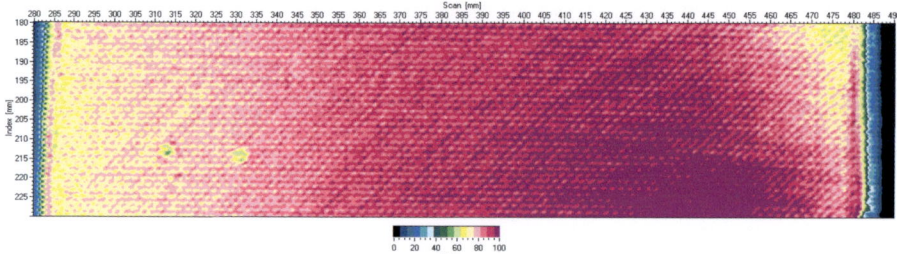

Abbildung 5-29: Unterseitenecho der Probe 24

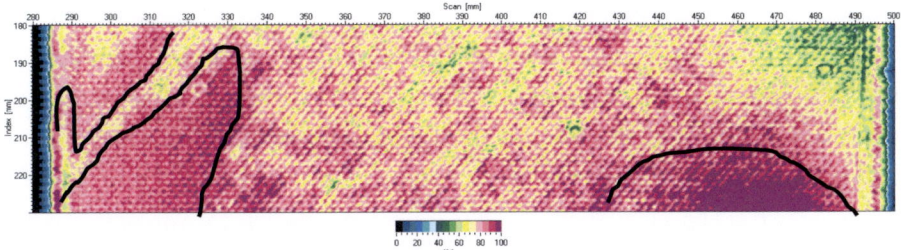

Abbildung 5-30: Unterseitenecho der Probe 21

Das gleiche Bild gibt auch die Oberseite wieder, wo die Entwicklung des Defektes noch stärker hervorragt. Zum einen ist bei der Probe 11 der beschriebene rechte Bereich von der Mitte bis zum Auslass einer viel stärkeren Schwächung des Rückwandechos ausgesetzt als der Bereich auf der Eingangsseite. Diese starke Ausprägung der Porenbildung zeigt auch bei Probe 21, wo fast der komplette Untersuchungsbereich eine Schwächung des Echos wie bei der Probe 11 vorweist. Die Probe 24 zeigt hier ein gleichmäßiges Rückwandecho wie es auch bei der Probe 15 erkennbar war. Die Abbildungen 5-31 und 5-32 zeigen die Oberseitenechos der Proben 11 und 21.

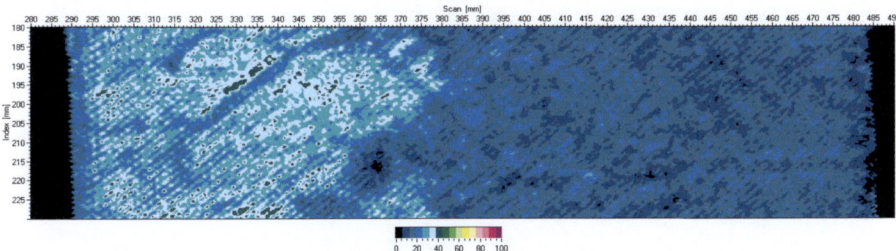

Abbildung 5-31: Rückwandecho der Probe 11

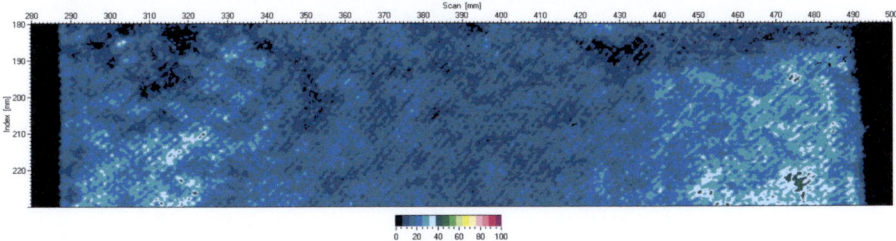

Abbildung 5-32: Rückwandecho der Probe 21

Probe 11 hatte einen Harzverbrauch von 61,50 g, während die Probe 24 59,59 g benötigte und bei Probe 21 lag der Verbrauch bei 52,33 g. Das spiegelt sich auch in den Tiefenbildern wieder, bei denen die Probe 11 zu Beginn bei Probendicken zwischen 1,26 mm und 1,38 mm liegt. Ab der Mitte nimmt die Dicke in einigen Bereichen stärker zu und erreicht Werte von bis zu 1,44 mm (Abbildung 5-33). Probe 24 weist auf der Harzeingangsseite ebenfalls eine Dicke um 1,38 mm die von dort sich abwechselnde Dicken im Bereich von 1,16 mm und 1,22 mm besitzt. Bei der Probe 21 dagegen ist im mittleren Bereich wo die Porenbildung sehr stark ausgeprägt ist auch die größte Probendicke, die dann zu den Rändern hin etwas abnimmt (Abbildung 5-34).

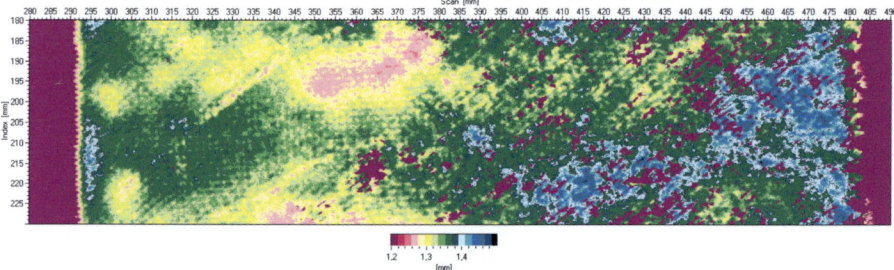

Abbildung 5-33: Rückwandecho zur Probendicke der Probe 11

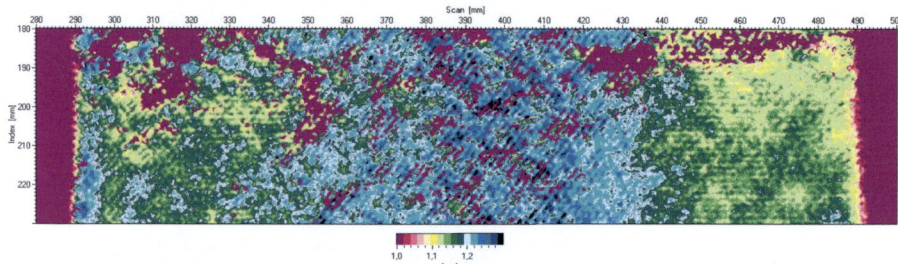

Abbildung 5-34: Rückwandecho zur Probendicke der Probe 21

Die für Probe 11 beschriebenen Beobachtungen konnten durch den Wiederholversuch bei der Probe 12 gemacht werden. Das zeigt, dass eine steigende Luftfeuchtigkeit bei geringen Prozesstemperaturen einen starken Einfluss auf die Porenbildung hat. Das nachströmende Harz und den anliegenden Vakuumdruck spülen die Poren in Richtung Auslass, aber durch das Einsetzen der Vernetzungsreaktion wird diese Bewegung gestoppt. Auch die zum Versuch 21 gewonnenen Erkenntnisse entsprachen den Beobachtungen aus Versuch 13. Das bedeutet, dass mit steigenden Temperaturen der Einfluss des Wasserdampfes gering gehalten werden kann. Falls der Wassergehalt jedoch zu hoch ist, so ist eine Porenbildung auch in einer höheren Dimension nicht zu verhindern. Die Luftfeuchtigkeit zeigt sich hier als ein Einflussfaktor, durch den eine Porenbildung hervorgerufen wird.

### 5.3.5 Einfluss des Umgebungsdruckes beim Aushärten

Der hier beobachtete Einfluss des Wasserdampfes auf den Porengehalt bei niedrigen Temperaturen, wie aus dem Ergebnis für den Versuch 11 hervorgeht, wurde durch den Versuch 16 noch einmal aufgegriffen. Da erfolgte die Aushärtung im Autoklaven anstatt im Wärme- und Trockenofen. Dabei war das Ziel diesen Einfluss des Wasserdampfes durch den Autoklavprozess zwar bei der gleichen Aushärtetemperatur von 180 °C jedoch bei einem Druck von 10 bar auf den infundierten Aufbau zu untersuchen.

Anhand eines Blickes auf die Probe und dem Ergebnis der Ultraschallprüfung ist zwar immer noch ein hoher Porengehalt vorhanden, der aber im Vergleich zur Probe 11 eine andere Erscheinungsform hat. Während bei Probe 11 deutlich ein Porentransport zu erkennen war mit den meisten Poren zum Auslass hin, sind bei der Probe 16 insgesamt sechs Streifen mit einer Porenansammlung zu erkennen. Diese Streifen gehen von der Harzeingangsseite zur Harzausgangsseite, wobei zum Ende hin eine leichte Krümmung im Streifenverlauf zu sehen ist. Die gleiche Beobachtung ist auch auf dem Rückwandecho der Probe zu erkennen, wie die schwarzen Umrandungen in Abbildung 5-35 zeigen.

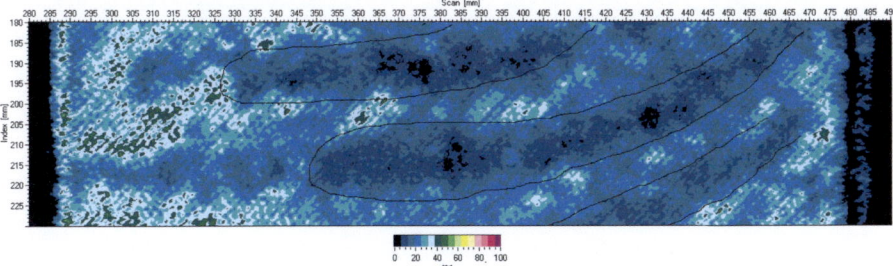

Abbildung 5-35: Rückwandecho der Probe 16

Auf der Unterseite sind auch Poren zu sehen, die eine gleiche Tendenz in ihrer Verteilung zeigen wie bei der Probe 11. Der aufgebrachte Druck zeigt jedoch einen starken Unterschied in den Probendicken der Proben 11 und 16. Während die Probe 11 bei Werten zwischen 1,26 mm und 1,44 mm liegt, hat die Probe 16 eine Probendicke, die von 0,9 mm im mittleren Bereich und zwischen 0,96 mm und 1,06 mm im restlichen Untersuchungsbereich variiert. Abbildung 5-36 zeigt das Rückwandecho der Probendicke der Probe 16.

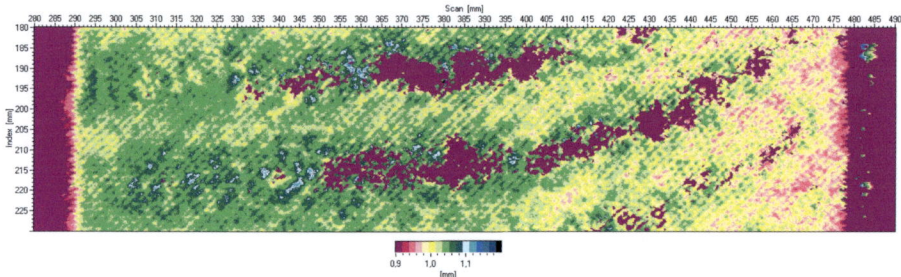

Abbildung 5-36: Rückwandecho zur Probendicke der Probe 16

## 5.3.6 Einfluss der Infusionstemperatur

Da die Temperatur einen entscheidenden Einfluss auf die Harzviskosität hat und diese wiederum für die Durchtränkung des trockenen Geleges verantwortlich ist, muss auch der Einfluss der Infusionstemperatur auf die Porenbildung berücksichtigt werden. Dazu erfolgt der Vergleich der Proben 10, 15 und 18, die bei 55 °C, 90 °C und 120 °C gefertigt wurden. Die Harzviskosität seinerseits übt in Verbindung mit dem Druckgradienten Einfluss auf die Harzgeschwindigkeit aus und diese kann darüber entscheiden ob und welche Art von Poren entstehen. Der Vergleich der drei Proben mittels der Ultraschallprüfung zeigt, dass in allen drei Fällen ein gleichmäßiges Unterseiten und Rückwandecho vorliegt. Die Proben weisen keine Poren auf.

Die Harzgeschwindigkeit bei Versuch 18 von 0,58824 mm/s ist bei einer Fließlänge von 15 cm mehr als dreimal so hoch wie bei Versuch 15. Bei Versuch 15 wiederum liegt die Harzgeschwindigkeit bei der betrachteten Fließlänge bei 0,17045 mm/s und ist ihrerseits viermal so groß wie die Harzgeschwindigkeit bei Versuch 10.

Trotz der Variation der Infusionstemperatur ist keine Porenbildung zu erkennen, so dass hier kein Einfluss vorliegt.

### 5.3.7 Einfluss der Fadenorientierung

Der Harzfluss soll während der Infusion für eine gleichmäßige Durchtränkung der Lagen sorgen, so dass bei einem minimalen Harzverbraucheine vollständige Sättigung mit Harz erfolgen soll. Dieser Harzfluss kann aber infolge der Fadenorientierung in seiner Geschwindigkeit in seiner Geschwindigkeit gehindert werden, falls die Fäden im Gelege senkrecht oder in einem anderen Winkel im Vergleich zur Normalausrichtung der Fäden hinsichtlich ihrer besten Eigenschaften angeordnet sind. Daher gilt es auch den Einfluss der Fadenorientierung zu berücksichtigen, was hier mittels der Versuche 18 mit einem multidirektionalen und 19 mit einem unidirektionalem Lagenaufbau erfolgt. Eine Herabsetzung der Harzgeschwindigkeit aufgrund nicht in Harzflussrichtung verlaufender Fäden kann die Bildung von Makroporen zwischen den Fäden zur Folge haben. Das hängt einerseits vom Winkel und zum anderen von der Beschaffenheit der Fäden hinsichtlich ihrer Fadenpermeabilität und des Lagenaufbaus insgesamt ab. Der Vergleich der Versuche 18 und 19 zeigt jedoch keine nennenswerten Auffälligkeiten, da in beiden Fällen eine saubere Durchtränkung stattfand und somit kein Porengehalt vorhanden ist. Der einzige Unterschied der hier wahrgenommen wird ist ein Unterschied der Fließgeschwindigkeit. Bei der Probe 18 ist die Fließgeschwindigkeit mit 0,588 mm/s fast doppelt so hoch wie bei der Probe 19, die eine Fließgeschwindigkeit von 0,303 mm/s besitzt. Trotz des unidirektionalen Lagenaufbaus in Probe 19 können die in Fließrichtung verlaufenden Fäden sehr eng zusammenliegen, was den Harz daran hindert diese Fäden schnell zu durchtränken. Das könnte die langsamere Harzgeschwindigkeit der Probe 19 erklären.

Hier zeigt sich, dass die Fadenorientierung keinen Einfluss auf die Porenbildung ausübt was durch die sehr hohe Temperatur und die damit verbundene hohe Harzfließgeschwindigkeit bekräftigt wird.

### 5.3.8 Zusammenfassung der experimentellen Ergebnisse

Insgesamt liefert die Bewertung der Proben einige sehr aussagekräftige Ergebnisse und einige die vielleicht einer weiteren Untersuchung bedürfen. Es kann festgehalten werden, dass der Vakuumdruck nach der Infusion und die Luftfeuchtigkeit in Abhängigkeit ihrer Parametereinstellungen mit den größten Einfluss auf eine Porenbildung haben. Auch eine Erhöhung des Druckes beim Aushärten führt nicht zwangsläufig zur Vermeidung der Porenbildung, auch wenn es ein Anteil komprimiert wird. Auch eine Änderung des Druckgradienten zeigt keinen Einfluss auf die Bildung von Poren. Bei der Infusionstemperatur und der Fadenorientierung ist ebenfalls kein Einfluss auf die Porenbildung zu erkennen.

In Tabelle 5-3 sind zusammenfassend die hier untersuchten Prozessparameter ihrem jeweiligen Fertigungsprozess zugeordnet sowie das erhaltene Ergebnis der Einflussnahme auf Poren angegeben

| Fertigungsprozess | Prozessparameter | Experimentelles Ergebnis |
|---|---|---|
| Infusion | Infusionstemperatur | Einfluss auf Harzgeschwindigkeit, kein Einfluss auf Poren |
| | Vakuumdruck | Kein Einfluss auf Poren |
| | Infusionsdruck | Kein Einfluss auf Poren |
| | Fadenorientierung | Einfluss auf Harzgeschwindigkeit, kein Einfluss auf Poren |
| Aushärtung | Umgebungsdruck | Kein Einfluss zur Vermeidung von Poren, lediglich Komprimierung des Laminats |
| | Vakuumdruck | Hoher Einfluss auf Poren |
| | Luftfeuchtigkeit | Hoher Einfluss auf Poren |

Tabelle 5-3: Einfluss der Prozessparameter auf Poren

# 6 Abgleich der experimentellen Ergebnisse mit den theoretischen Vorüberlegungen

Die anhand der experimentellen Untersuchung erzielten Ergebnisse zu der Wechselwirkung Infusion/ Autoklav müssen im nächsten Schritt mit den Ergebnissen der theoretischen Vorüberlegungen verglichen werden. Daher werden hier die untersuchten Prozessparameter und deren beobachteter Einfluss auf Poren mit den zuvor erarbeiteten möglichen Einflüssen dieser Prozessparameter hinsichtlich des Porengehaltes miteinander abgeglichen. Der Abgleich erfolgt erst mit den bei der Infusion vorhandenen Einflussgrößen, sodass anschließend die Einflussgrößen aus dem Autoklavprozess verglichen werden.

## 6.1 Vergleich der Ergebnisse zu den Einflussgrößen Harzgeschwindigkeit/ Infusionstemperatur

Die Harzgeschwindigkeit stellt den theoretischen Vorüberlegungen zufolge einen entscheidenden Einflussfaktor auf die Entstehung von Poren dar. Abhängig von der Harzgeschwindigkeit kann es entweder zur Bildung von Makroporen  oder Mikroporen kommen. Eine schnell voranschreitende Harzfließfront begünstigt die Entstehung von Poren an der Fließfront, während eine langsam voranschreitende Harzfließfront Makroporen zur Folge haben kann. Dieser mögliche Einfluss wurde bei den experimentellen Untersuchungen durch die Variation der Infusionstemperatur berücksichtigt, indem die Viskosität des Harzes verändert wurde und das wiederum zu einer langsam oder einer schnell voranschreitenden Harzfließfront führte. Das Ergebnis der bei drei verschiedenen Temperaturen durchgeführten Infusionen liefert sowohl durch bloßes Draufschauen auf die Probe wie auch anhand der Ultraschallprüfung porenfreie Proben. Hinsichtlich der langsam voranschreitenden Harzfließfront bei einer niedrigen Infusionstemperatur liegt keine Übereinstimmung mit den theoretischen Ergebnissen vor, da es zu einer Bildung von gut erkennbaren Makroporen hätte kommen müssen. Bezüglich des Einflusses der schnell voranschreitenden Harzfließfront kann ein mögliches Vorhandensein von Mikroporen nicht bestätigt werden, da die Proben nicht auf Mikroporosität untersucht wurden. Es liegt hier also keine Übereinstimmung in den Ergebnissen vor, was aber auf die nicht ins Detail vorgenommene Auswertung der Proben zurückzuführen ist.

## 6.2 Vergleich der Ergebnisse zur Einflussgröße Prozessdruck

Aus den theoretischen Vorüberlegungen geht der Prozessdruck als eine weitere Einflussgröße für die Entstehung von Poren hervor. Dieser Prozessdruck beschreibt das Verhältnis von Infusionsdruck zum Vakuumdruck und somit den vorhandenen Druckgradienten im Innern des Vakuumaufbaus. Einerseits konnte das Ergebnis gewonnen werden, dass ein höherer Infusionsdruck im Vergleich zu einem geringeren Infusionsdruck das Harz schneller in den Aufbau fließen lässt. Das bedeutet eine höhere Harzgeschwindigkeit im Angussbereich, so dass es dort zur Bildung von Mikroporen kommen kann. Die in den durchgeführten Versuchen vorgenommene Variation hinsichtlich des Infusionsdruckes umfasste eine Senkung des Umgebungsdruckes unter Beibehaltung des vollen Vakuumdruckes. Das spiegelte sich auch in einer viel langsamer voranschreitenden Harzfließfront wieder, es konnte aber keine Entstehung von Poren beobachtet werden. Zumindest nicht von Makroporen, da die Proben auch hier nicht auf Mikroporosität untersucht wurden. Auch eine Variation des Vakuumdruckes während der Infusion durch eine Senkung bei Beibehaltung des Infusionsdruckes auf Umgebungsdruck zeigte keinen erkennbaren Einfluss auf eine Porenentstehung. Laut der theoretischen Vorüberlegungen kann mit einem geringeren Vakuumdruck während der Infusion die Entstehung von Mikroporen vermieden werden, was hier nicht bestätigt werden kann. Somit ist auch hier keine Übereinstimmung der experimentellen Ergebnisse mit den theoretischen Erkenntnissen vorhanden, was ebenfalls auf den Auswertungsumfang zurückzuführen ist.


## 6.3 Vergleich der Ergebnisse zur Einflussgröße Fadenorientierung

Einer Variation der Fadenanordnung beim Lagenaufbau soll Einfluss auf die Harzgeschwindigkeit haben, was wiederum die Porenentstehung und die Art der Poren mitbestimmt. Dieses Ergebnis der theoretischen Vorüberlegungen wird damit begründet, dass Fäden die nicht in Richtung des Harzflusses liegen einen Widerstand für den Harzfluss darstellen. Dieser Widerstand kann zu einer Verringerung der Harzgeschwindigkeit führen, wodurch die Bildung von Mikroporen innerhalb der Fäden begünstigt wird da die Durchtränkung dieser Fäden mit Harz erschwert wird. Mit der Variation der Fadenanordnung kann demzufolge die Permeabilität des Lagenaufbaus mitbeeinflusst werden. Für die durchgeführten Versuche wurde daher einmal ein unidirektionaler Lagenaufbau mit Fäden in Harzflussrichtung liegend und einmal ein multidirektionaler Lagenaufbau mit Fäden sowohl senkrecht als auch im 45 °-Winkel zum Harzfluss untersucht. Hinsichtlich der Harzgeschwindigkeit wurde eine hohe Infusionstemperatur eingestellt, sodass eine schnell voranschreitende Harzfließfront vorlag. Es konnte ein Einfluss auf die Harzgeschwindigkeit durch die beiden unterschiedlichen Lagenaufbauten beobachtet werden. Zu einer erkennbaren Porenbildung kam es aber nicht. Der Unterschied in der Harzgeschwindigkeit äußert sich jedoch mit einer geringeren Harzgeschwindigkeit des unidirektionalen Lagenaufbaus und nicht wie aus den theoretischen Ergebnissen hervorgeht bei einem Lagenaufbau mit Fäden die nicht in Harzflussrichtung liegen. Die Erklärung liegt darin, dass auch durch den unidirektionalen Lagenaufbau ein entscheidender Einfluss auf die Permeabilität genommen werden kann und die Fäden enger aneinander liegen als beim multidirektionalen Lagenaufbau. Der somit erzeugte Widerstand auf den Harzfluss hat eine langsamer voranschreitende Harzfließfront zur Folge. Auch die Ultraschallmessung ergab, dass keine Makroporen vorhanden waren. Über Mikroporen kann keine Aussage getroffen werden. Damit liegt eine Übereinstimmung der experimentellen Ergebnisse mit den theoretischen Ergebnissen vor, da aufgrund des unterschiedlichen Lagenaufbaus Einfluss auf die Harzgeschwindigkeit genommen wird auch wenn das zu keiner beobachtbaren Porenbildung führt.

## 6.4 Vergleich der Ergebnisse zur Einflussgröße Vakuumdruck nach der Infusion bzw. beim Aushärten

Die Änderung des Vakuumdruck nach erfolgter Infusion und somit der Vakuumdruck für den Aushärteprozess geht aus den theoretischen Ergebnissen als ein sehr entscheidender Einfluss auf die Porenbildung hervor. In Abhängigkeit des gewählten Harzsystems lautet das Ergebnis, dass mit geringen Vakuumdrücken eine Porenbildung vermieden werden kann. Dabei sollte eine Halbierung des Vakuumdruckes nach der Infusion im Vergleich zum Vakuumdruck während der Infusion ausreichen. Bei den durchgeführten Versuchen blieb der Vakuumdruck bei einigen Versuchen unverändert und hatte auch während der Aushärtung einen relativen Wert von -0,8 bar. Das hatte eine Porenbildung zur Folge, wie die Ergebnisse der Ultraschallprüfung zeigen. Bei anderen Versuchen wurde der Vakuumdruck nach der Infusion gesenkt und lag bei Werten unter der Hälfte des Vakuumdruckes von -0,8 bar. Das Ergebnis sind porenfreie Proben sowohl bei einer niedrigen Infusionstemperatur von 55 °C als auch bei einer Temperatur von       90 °C. Der geringere Vakuumdruck sorgt dafür, dass sich das Harz im Bauteil aufgrund der geringeren Harzgeschwindigkeit zum einen entspannen kann und zum anderen weniger Harz bis zum Einsetzten der Vernetzungsreaktion der Matrix abgesaugt werden kann. Es liegt somit eine Übereinstimmung der theoretischen Ergebnisse und der experimentellen Ergebnisse vor.

## 6.5   Vergleich der Ergebnisse zur Einflussgröße Luftfeuchtigkeit

Als ein weiterer in den theoretischen Vorüberlegungen erarbeiteter Einfluss auf die Porenbildung geht  die Luftfeuchtigkeit bzw. der Wassergehalt im Harz hervor. Dieser Einfluss kann durch eine Verweilzeit des textilen Halbzeuges bis zu seiner Verarbeitung im Infusionsprozess zustande kommen und wird während des Aushärtungsprozesses als stark Einfluss nehmend beschrieben. Durch den Infusionsprozess gelangt die sich im textilen Halbzeug befindliche Luftfeuchtigkeit oder das Wasser in das Harz und kann entweder in das Harz diffundieren oder sich im Harz lösen indem eine chemische Reaktion der Wassermoleküle mit dem Harz stattfindet. Aus diesem Grund kann es zur Porenbildung während der Infusion kommen. Die hohen Temperaturen während des anschließenden Aushärtungsprozesses können eine Diffusion der Luftfeuchtigkeit aus dem Harz an die Porenoberfläche bewirken. Dadurch könnte der Druck in den vorhandenen Poren um den Dampfdruck des Wassers gesteigert werden, was eine Vergrößerung der Poren bedeuten würde. Die Ergebnisse aus den experimentellen Versuchen zeigen ebenfalls einen starken Einfluss der Luftfeuchtigkeit auf die Porenbildung bei niedrigen Infusionstemperaturen. Der Lagenaufbau wurde daher sowohl gleichmäßig mit Wasserdampf beaufschlagt oder auch mit Wasser durchtränkt. Die Ergebnisse durch Aufbringen von Wasserdampf und anschließender Verweilzeit des Vakuumaufbaus im Ofen bevor die Infusion durchgeführt wurde zeigen bei niedrigen Infusionstemperaturen von 55 °C eine stark ausgeprägte Porenbildung in der Probe. Dagegen erfolgte mit einem anderen Lagenaufbau dieselbe Vorgehensweise nur bei einer Infusionstemperatur von 90 °C. Hier war das

Ergebnis eine porenfreie Probe. Die Erklärung dafür liegt in der Verweilzeit bis zur Infusion, sodass die hohe Temperatur hier für eine Verringerung der Luftfeuchtigkeit im textilen Halbzeug bevor die Infusion gestartet wurde gesorgt hat. Aus diesem Grund wurden bei der gleichen Temperatur von 90 °C auch Versuche durchgeführt, wo eine Durchtränkung des Lagenaufbaus mit Wasser erfolgte. Hier waren die Ergebnisse eine deutlich erkennbare Porosität in der Probe. Das Durchtränken des Lagenaufbaus mit Wasser diente der Untersuchung des Temperatureinflusses während der Verweilzeit bis zur Infusion, da so ein hoher Wassergehalt im Lagenaufbau unrealistischen Bedingungen entspricht. Es zeigt sich aber, dass der in der Theorie beschriebene Einfluss der Luftfeuchtigkeit auf Poren durch die experimentelle Untersuchung bestätigt werden konnte und hier somit eine Übereinstimmung vorhanden ist.

## 6.6   Vergleich der Ergebnisse Umgebungsdruck beim Aushärten

Der Umgebungsdruck bei der Aushärtung spielt laut der theoretisch erzielten Ergebnisse eine entscheidende Rolle bei der Komprimierung und Beseitigung vorhandener Poren sowie bei einer Vermeiddung der Porenentwicklung insbesondere durch im Harz vorhandene Gaseinschlüsse. So kann in Abhängigkeit des Umgebungsdruckes der Porengehalt im Bauteil entscheidend mitbestimmt werden. Die aus den experimentellen Untersuchungen hervorgegangen Ergebnisse mit einer Porenbildung in Abhängigkeit des hohen Vakuumdruckes beim Aushärten oder in Abhängigkeit der Luftfeuchtigkeit zeigten keinen Einfluss des Umgebungsdruckes von 1 bar auf eine Verringerung des Porengehaltes. Dieses Ergebnis konnte sowohl bei niedrigen Temperaturen bei 55 °C wie auch bei hohen Temperaturen von 90 °C beobachtet werden. Daher erfolgte eine Variation des Umgebungsdruckes indem dieser auf 10 bar erhöht wurde. Die Versuchsbedingungen waren, dass zuvor Wasserdampf auf den Lagenaufbau aufgebracht wurde und nach der Verweilzeit die Infusion bei 55 °C stattfand. Das in vorangegangenen Versuchen erzielte Ergebnis bezüglich dieser Versuchsbedingungen bei einem Umgebungsdruck von 1 bar war ein hoher erkennbarer Porengehalt in der Probe. Die Erhöhung des Umgebungsdruckes beim Aushärten und die Auswertung des Ergebnisses zeigen jedoch keinen allzu großen Einfluss dieser getroffenen Maßnahme, da immer noch ein hoher Porengehalt in der Probe vorhanden ist. Aufgrund der Bewertung der Proben nur auf Makroporen kann keine weitere Aussage des Einflusses einer Variation des Umgebungsdruckes beim Aus-

härten getroffen werden. Jedoch ist eine Komprimierung des Lagenaufbaus zu beobachten, was sich in einer geringeren Dicke der Probe im Vergleich zu allen anderen Proben bei einem Umgebungsdruck von 1 bar beim Aushärten äußert. Es kann
somit festgehalten werden, dass beim Vergleich der theoretischen und der experimentellen Ergebnisse hinsichtlich der Einflussgröße Umgebungsdruck beim Aushärten keine Übereinstimmung vorhanden ist.

## 6.7 Zusammenfassung

Aus den theoretischen Vorüberlegungen gingen weitere Einflussfaktoren hervor, die
hier aufgrund des Untersuchungsumfanges nicht alle berücksichtigt wurden. Dazu
zählen einerseits beim Infusionsprozess die Preformstruktur bzw. der Faservolumengehalt und andererseits bei Aushärtungsprozess die Temperatur und der Vakuumaufbau bezüglich des Einsatzes eines Bleeders. Der Einfluss der Preformstruktur
wurde aus dem Grund nicht untersucht, da es sich beim textilen Halbzeug um einen
flachen und geraden Lagenaufbau handelte ohne dass eine Umformung stattfand.
Auch die Temperatur beim Aushärten lag immer bei 180 °C, da laut Herstellerangabe
das Harz bei einer Temperatur von 177 °C aushärtet. Der Einfluss eines Bleeders
wurde ebenfalls nicht untersucht, da der Vakuumaufbau aus den Hilfsmaterialien
Fließhilfe, Trennfolie und Vakuumfolie bestehend einfach gehalten wurde.

Eine Zusammenfassung des Vergleichs der theoretisch erarbeiteten Einflüsse und
der experimentell ermittelten Einflüsse auf den Porengehalt ist in Tabelle 6-1 wiedergegeben.

Der hier vorgenommene Vergleich der theoretischen und experimentellen Ergebnisse hinsichtlich der Einflussgrößen und deren Einfluss auf Poren innerhalb der Wechselwirkung Infusion/ Autoklav zeigt bei Berücksichtigung der zu beobachtenden Entstehung von Makroporen eine Übereinstimmung in den Einflussgrößen Vakuumdruck
nach der Infusion und Luftfeuchtigkeit. Innerhalb der anderen miteinander vergliche-
nen Einflussgrößen liegt hinsichtlich der Entstehung von Makroporen keine Übereinstimmung vor.

| Fertigungsprozess | Zu vergleichende Einflussgröße(n) | Übereinstimmung Theorie/ experimente Untersuchung |
|---|---|---|
| Infusion | Harzgeschwindigkeit/ Infusionstemperatur | nein |
| | Prozessdruck | nein |
| | Preformstruktur/ FVG | Nicht untersucht |
| | Fadenorientierung | nein |
| Aushärtung | Temperatur beim Aushärten | Nicht untersucht |
| | Vakuumdruck nach der Infusion bzw. beim Aushärten | ja |
| | Luftfeuchtigkeit | ja |
| | Umgebungsdruck beim Aushärten | nein |
| | Vakuumaufbau | Nicht untersucht |

Tabelle 6-1: Ergebnis des Abgleichs theoretisch beschriebener und experimentell ermittelter Einflüsse auf Poren

# 7 Zusammenfassung und Ausblick

In der vorliegenden Arbeit wird ein Beitrag zur Charakterisierung von prozessüber-greifenden Wechselwirkungen vorgestellt, die durch eine Berücksichtigung eines Qualitätskriteriums vorgenommen wird. Anhand einer vorgegebenen Prozesskette des Forschungsprojektes HP CFK zur Herstellung eines Demonstrators als ein Teil-ausschnitt eines Flugzeugrumpfes aus kohlenstofffaserverstärktem Kunststoff (CFK) erfolgt durch eine Beschreibung dieser Prozesskette eine Identifikation möglicher vorhandener Wechselwirkungen. Die erarbeiteten Wechselwirkungen werden an-schließend unter Berücksichtigung von aufgestellten Bewertungskriterien ausgewer-tet, so dass die Auswahl einer Wechselwirkung hinsichtlich eines Qualitätskriteriums zur näheren Untersuchung dieser Wechselwirkung vorgenommen wird. Während dieser noch theoretischen Untersuchung der Wechselwirkung werden die auf das Qualitätskriterium Einfluss ausübenden Prozessparameter innerhalb der beiden be-teiligten Fertigungsprozesse erarbeitet. Die daraus gewonnen Ergebnisse werden zur Durchführung experimenteller Untersuchungen der Wechselwirkung bezüglich des Qualitätskriteriums genutzt. Anhand eines Abgleiches erfolgt eine Gegenüber-stellung der theoretisch und der experimentell erzielten Ergebnisse.

Bei der Identifikation der Wechselwirkungen ergeben sich insgesamt vier Wechsel-wirkungen bei Betrachtung von drei Fertigungsprozessen. Darunter befinden sich drei Qualitätskriterien, mittels derer die drei Fertigungsprozesse zueinander in Wech-selwirkung stehen. Anhand der näheren Untersuchung der ausgewählten Wechsel-wirkung Infusion/ Autoklav zeigen sich mehrere Einflüsse auf das die Wechselwir-kung charakterisierende Qualitätskriterium Poren auf. Dazu zählen unter anderem die Infusionstemperatur, der Prozessdruck oder auch eine hohe Luftfeuchtigkeit. Die aus diesen Einflüssen abgeleitete Variation der Prozessparameter während der ex-perimentellen Untersuchung macht eine umfangreiche Untersuchung der Wechsel-wirkung möglich. Als Ergebnis der durchgeführten Versuche liegen aussagekräftige Proben mit und ohne Poren vor, anhand derer die Ausgeprägtheit der einzelnen er-arbeiteten Einflüsse gut zum Vorschein kommt. Dabei zeigen die Luftfeuchtigkeit und der Vakuumdruck beim Aushärten einen hohen Einfluss auf Poren. Dagegen zeigen andere Einflüsse keinen zu beobachtenden Einfluss auf Porosität. So liefert der Ver-gleich der Ergebnisse aus den experimentellen Untersuchungen mit den Ergebnis-

sen der theoretischen Vorüberlegungen bei einigen Einflussgrößen eine Übereinstimmung, während bei anderen Einflussgrößen keine Übereinstimmung vorhanden
ist.

Die hier vorgenommene Charakterisierung der ausgewählten Wechselwirkung und
deren experimentellen Untersuchung kann hinsichtlich der variierten Prozessparameter und deren Ausprägung zur Untersuchung weiterer charakteristischer Einflüsse in
Bezug auf das Qualitätskriterium Poren ausgeweitet werden. So können die jeweiligen Prozessparameter genauer untersucht werden, indem sie noch mehr Variationen
unterliegen. Auch die Tatsache, dass die Ergebnisse hier nur anhand der Beobachtung von Makroporen ausgewertet wurden, macht eine Untersuchung und Auswertung in Bezug auf vorhandene Mikroporen interessant. Diese Vorgehensweise verbunden mit einer detaillierteren Bewertung der Ergebnisse aus den experimentellen
Untersuchungen macht es möglich ein solches Vorgehen auch auf die anderen vorhandenen Wechselwirkungen zu übertragen. Das führt zu einer größeren Informati-
onsspanne hinsichtlich der Prozesskette, wodurch die Auslegung der Prozesskette
zur Herstellung des Demonstrators auf optimale Weise erfolgen kann.

# 8 Literaturverzeichnis

[AVK10]          AVK, Industrievereinigung Verstärkte Kunststoffe: Handbuch
                 Faserverbundkunststoffe – Grundlagen, Verarbeitung, An-
                 wendungen, 3. Auflage, Vieweg & Teubner, Wiesbaden, 2010

[BAC08]          Bach, Prof. Dr.-Ing. F.-W.: Konstruktionswerkstoffe - Skript
                 Übung und Vorlesung, Gottfried Wilhelm Leibniz Universität
                 Hannover, 2008

[BÄT94]          Bätcher, K.: Faserverbundkunststoffe - Werkstoffe, Verarbei-
                 tung und Recyclingtechnologien ISI, Karlsruhe, 1994

[BRA08]          Brandes, A..; Positionierung technologischer Schnittstellen
                 Beitrag zur ganzheitlichen Auslegung fertigungstechnischer
                 Prozessketten, Gottfried Wilhelm Leibniz Universität Hanno-
                 ver, 2008

[BRÄ11]          Bräutigam, K.-R.; Gerybadze, A.: Wissens- und Technologie-
                 transfer als Innovationstreiber, Springer-verlag, Berlin, 2011

[CTM13]          CTM Composite Technologie Material: Composite Leitfaden,
                 http://www.ctmat.de/downloads.htm?dgroup=31, 2013,
                 16.09.2013

[DEH05]          Dehn, F.: Faserverbundwerkstoffe, 1. Auflage, Bauwerk, Ber-
                 lin, 2005

[ERM07]          Ermanni, Prof. Dr. P.: Composites Technologien – Skript zur
                 ETH-Vorlesung, Version 4.0, Zürich, 2007

[FAB12]      Fabri, P.R..; Boeing 787 Dreamliner auf dem Weg ins 2. Jahr-
             hundert der Luftfahrt, mobiles Panorama, 2012, S. 28-32

[FIE09]      Fiedler, B.: Hochleistings-Faserverbundwerkstoffe mit Duro-
             plastmatrix, TuTech Innovation, Hamburg, 2009

[GAN12]      Ganapathi, A.S.; Joshi, S.C.; Chen, Z.: Simulation of bleeder
             flow and curing of thick composites with pressure and temper-
             ature dependent properties,
             http://www.sciencedirect.com/science/article/pii/S1569190X12
             001670, 2012, 30.10.2013

[GEH11]      Gehrig, Dipl.-Ing. F., K.: Einfluss von Poren auf das Schädi-
             gungsverhalten von kohlenstoff-faserverstärkten Kunststoffen,
             Technische Universität Hamburg-Harburg, 2011

[GEO11]      George, A.: Optimization of Resin Infusion Processing for
             Composite Materials: Simulation and Characterization Strate-
             gies, Universität Stuttgart, Fakultät für Luft- und Raumfahrt
             und Geodäsie, 2011

[GOU06]      Gourichon, B.; Deleglise, M.; Binetruy, C.; Krawczak, P.: Dy-
             namic void content predicition during radial injection in liquid
             composite moulding,
             http://www.sciencedirect.com/science/article/pii/S1359835X07
             001790, 2006, 24.11.2013

[GOV08]      Govignon, Q.; Bickerton, S.; Kelly, P.A.; Simulation of the rein-
             forcement compaction and resin flow during the complete res-
             in infusion process,
             http://www.sciencedirect.com/science/article/pii/S1359835X09
             002292, 2008, 24.11.2013

[GUO03]        Guo, Z.-S.; Du, S:; Zhang, B.; Temperature field of thick ther-
               moset composite laminates during cure process,
               http://www.sciencedirect.com/science/article/pii/S0266353804
               002489, 2003, 14.11.2013

[HIN12]        Hinterhölzl, Dr. R.M.: Simulation of Draping, Infiltration and
               Curing of Composites, FACC Technical Colloquium „Advances
               in Composites", Salzburg, 2012, S. 1-49

[HOR01]        Horvath, M.; Faserverbundwerkstoffe mit thermoplastischer
               Matrix auf Basis nachwachsender Rohstoffe, Universität Stutt-
               gart, 2001

[HUB10]        Huber, Dr.-Ing. U.; Fertigungstechnologie der Faserverbunde,
               Hochschule für angewandte Wissenschaften Hamburg, 2010

[IFS07]        Ifs report: Preforms für Faserverbundbauteile - Induktions-
               technologie als innovative Produktionsmethode, Technische
               Universität Braunschweig, Institut für Füge- und Schweißtech-
               nik, Ausgabe 1 HJ 2007, S. 2-3

[JOU02]        Joubaud, L.; Trochu, F.; Le Corvec, J.: Analysis of resin flow
               under flexible cover in vacuum assisted resin infusion,
               http://www.speautomotive.com/SPEA_CD/SPEA2002/pdf/b07.
               pdf, 2002, 02.03.2014

[KLE08]        Kleineberg, M.: Präzisionsfertigung komplexer CFK-Profile am
               Beispiel Rumpfspant, Technische Universität Carolo-
               Wilhelmina zu Braunschweig, 2008

[KRE11]        Kreikemeier, Dr.-Ing. J.; Chrupalla, Dipl-Wi.-Ing. D., Al-din
               Khattab, M.SC. I.; Krause, D.: Experimentelle und numerische
               Untersuchung von CFK mit herstellungsbedingten Fehlstellen,
               Magdeburger Maschinenbau-Tage, http://www.uni-
               magdeburg.de/ifme/l-numerik/quellen/

Kreikemeier_Maschinenbautage2011_B4-2.pdf, 2011,
29.10.2013

[KRU98]      Kruckenberg, T.M.; Resin Transfer Moulding for Aerospace
             Structures, 1. Auflage, Kluwer Academic Publishers, 1998

[KUE06]      Kuentzer, N.; Simacek, P.; Advani, S.G.; Walsh, S.: Correla-
             tion of void distribution to VARTM manufacturing techniques,
             http://www.sciencedirect.com/science/article/pii/S1359835X06
             002399, 2006, 24.11.2013

[LED10]      Ledru, Y.; Bernhart, G.; Piquet, R.; Schmidt, F.; Michel, L.:
             Coupled visco-mechanical and diffusion void growth modelling
             during composite curing,
             http://www.sciencedirect.com/science/article/pii/S0266353810
             003210, 2010, 08.11.2013

[LOU04]      Louis, M.: Zur Simulation der Prozesskette von Harzinjekti-
             onsverfahren, Technische Universität Kaiserslautern, 2004

[MAI13]      Maierhofer, C.; Myrach, P.; Reischel, M.; Steinfurth, H.; Röllig,
             M.; Kunert, M.: Characerizing damage in CFRP structures us-
             ing flash thermography in reflection and transmission configu-
             rations,
             http://www.sciencedirect.com/science/article/pii/S1359836813
             005490, 2013, 30.10.2013

[MAY11]      Mayr, G.; Blank, P.; Sekelja, J.; Hendorfer, G.: Active thermog-
             raphy as a quantitative method for non-destructive evaluation
             of porous carbon fiber reinforced polymers,
             http://www.sciencedirect.com/science/article/pii/S0963869511
             000739, 2011, 30.10.2013

[MEI07]        Meiners, D.: Beitrag zur Stabilität und Automatisierung von CFK-Produktionsprozessen, Technische Universität Clausthal, 2007

[MEY08]        Meyer, O.: Kurzfaser-Preform-Technologie zur kraftflussgerechten Herstellung von Faserverbundbauteilen, Fakultät für Luft- und Raumfahrt und Geodäsie der Universität Stuttgart, 2008

[PAR10]        Park, C.H.; Lebel, A.; Saouab, A.; Breard, J.; Lee, W.I.: Modelling and simulation of voids and saturation in liquid composite molding process, http://www.sciencedirect.com/science/article/pii/S1359835X11 000492, 2010, 14.11.2013

[PAR00]        Parnas, R.S.: Liquid Composite Molding, 1. Auflage, Hanser Verlag, München, 2000

[PRE12]        Premium Aerotec: CFK-Flugzeugbau im Mittelpunkt der Composite-Fachmesse JEC, news magazine, 5/2012, http://www.premium-aero-tec.com/Binaries/Binary6250/2795_Newsletter_2012_DE_inter aktiv.pdf, 30.09.2013

[R&G99]        R&G Faserverbundwerkstoffe: Handbuch Faserverbundwerkstoffe – Neue Technologien, neue Werkstoffe, 1. Auflage, Waldenbuch, 1999

[SAN13]        Sanchez Cebrian, A.; Basler, R.; Klunker, F.; Zogg, M.: Acceleration of the curing process of a paste adhesive for aerospace applications considering cure dependent void formations, http://www.sciencedirect.com/science/article/pii/S0143749613 00167X, 2013, 30.10.2013

[STA08]        Staffan Lundström, T.; Frishfelds, V.; Jakovics, A.: Bubble formation and motion in non-crimp fabrics with perturbed bundle geometry, http://www.sciencedirect.com/science/article/pii/S1359835X09 001444, 2008, 24.11.2013

[STE11]        Stefaniak, D,; Kappel, E.; Spröwitz, T.; Hühne, C.: Experimental identification of process parameters inducing warpage of autoclave-processed CFRP parts, http://www.sciencedirect.com/science/article/pii/S1359835X12 000814, 2011, 30.10.2013

[SUD08]        Sudarisman; Davies, I.J.: Influence of Pompressive Pressure, Vacuum Pressure, and Holding Temperature Applied During Autoclave Curing on the Microstructure of Unidirectional CFRP Composites, http://www.scientific.net/AMR.41-42.323, 2008, 30.10.2013

[TAN87]        Tang, J.-M.; Lee, W.I.; Springer, G.S.: Effects of Cure Pressure on Resin Flow, Voids, and Mechanical Properties, http://jcm.sagepub.com/content/21/5/421, 1987, 08.11.2013

[TÖP02]        Töpfer, Dr. rer. nat. G.; Ernst, R.; Mualem, M.; Nolden, Dipl.-Ing. P.: Informations System Concurrent/ Integrated Engneering (ISCIE), Verbundprojekt: „Schwarzer Rumpf" - Realisierung von CFK-Rumpfkomponenten unter Einbeziehung des Concurrent Engineering, 2002, S. 9-26

[TOS13]        Toscano, C.; Meola, C.; Carlomagno, G.M.: Porosity Distribution in Composite Structures with Infrared Thermography, http://www.hindawi.com/journals/jcomp/2013/140127/, 2013, 30.10.2013

[ZEN92]     Zender, H.: Einsatz von Industrierobotern zur Fertigung von Faserverbundbauteilen im Wickel- und Tapelegeverfahren, Fakultät für Maschinenwesen der Rheinwestfälischen Technischen Hochschule Aachen, 1992